CityEngine 城市三维建模入门教程

车明亮　王英利　王晓文　编　著

CityEngine 因其强大的程序建模优势已被广泛用于大规模场景的城市三维建模中，它基于现实世界的地理信息数据，可以真实地展现城市的过去、现在和未来。本书以通俗易懂的方式，通过大量的实例，讲解了 CityEngine 的使用操作。本书内容共分 13 章，第 1 章主要讲解 CityEngine 的软件界面、工程组织方式、图层及其操作、软件安装步骤和使用向导创建虚拟城市的过程；第 2 章讲解街道建模方法，主要包括随机街道建模和手动街道建模；第 3 章讲解手动建模工具，主要包括形状建模工具、形状变换工具和形状测量工具；第 4~10 章讲解 CGA 规则建模操作，主要包括形状编辑、纹理贴图、属性及其设置、程序结构、规则函数、常用内置函数、注解和样式等内容；第 11 章讲解对象选择方法与视域分析工具；第 12 章讲解数字模型导入与导出方法，以及利用地理信息系统数据进行三维建模的基本过程；第 13 章主要讲解 Python 脚本的使用过程和常用操作。

本书结构清晰、内容全面、实例丰富、图文并茂、语言通俗易懂、操作过程详尽细致，适合从事三维地理信息系统建模、建筑方案设计、城乡规划设计、园林景观设计、影视动画场景设计、三维游戏场景制作、城市信息模型建设等工作人员及相关专业的大中专院校师生阅读，也适合对 CityEngine 软件的程序建模感兴趣的读者使用。

图书在版编目（CIP）数据

CityEngine 城市三维建模入门教程/车明亮，王英利，王晓文编著 . —北京：机械工业出版社，2022.7（2024.7 重印）

ISBN 978-7-111-70954-1

Ⅰ.①C… Ⅱ.①车… ②王… ③王… Ⅲ.①城市建设–三维动画软件–系统建模–教材 Ⅳ.①TU984-39

中国版本图书馆 CIP 数据核字（2022）第 100343 号

机械工业出版社（北京市百万庄大街 22 号　邮政编码 100037）
策划编辑：薛俊高　责任编辑：薛俊高　刘　晨
责任校对：刘时光　封面设计：张　静
责任印制：邹　敏
中媒(北京)印务有限公司印刷
2024 年 7 月第 1 版第 3 次印刷
184mm×260mm · 14.75 印张 · 371 千字
标准书号：ISBN 978-7-111-70954-1
定价：59.00 元

电话服务　　　　　　　　网络服务
客服电话：010-88361066　机 工 官 网：www.cmpbook.com
　　　　　010-88379833　机 工 官 博：weibo.com/cmp1952
　　　　　010-68326294　金 书 网：www.golden-book.com
封底无防伪标均为盗版　机工教育服务网：www.cmpedu.com

前　言

一、学习 CityEngine 的理由

CityEngine 是一款以程序建模为特长的城市三维建模软件，它通过编写 CGA（Computer Generated Architecture）规则来解决各类城市建模问题，通过使用 Python 脚本来简化工作流程，通过编写通用性程序形成插件来提高大规模场景的建模效率和建模质量。CityEngine 全面支持地理信息系统（Geographic Information System，简称 GIS）数据，它能充分利用 GIS 数据的空间位置和属性信息来快速构建城市三维（3 Dimension，简称 3D）场景，并能高效地进行城市规划设计。由于它是基于现实世界的地理信息数据，因此可以真实地展现城市的过去、现在和未来。

在数据交互和应用方面，CityEngine 支持行业最常用的数据导入与导出格式，允许在 Maya 中执行 CGA 规则建模，允许在虚幻引擎（Unreal Engine，简称 UE）中使用 CGA 规则创建景观角色，能便捷地开展 3D 视域分析和光照分析，可以快速地将 3D 模型发布为 Web 场景和虚拟现实（Virtual Reality，简称 VR）场景。

CityEngine 创建的 3D 模型由于包含了地理位置和属性信息，因此相比于传统 3D 建模软件，它更适合于构建城市信息模型（City Information Modeling，简称 CIM）和数字孪生城市（Digital Twin Cities，简称 DTC）。结合目前的无人机倾斜摄影、激光雷达测量和人工智能技术获取的大规模数据，使用 CityEngine 进行程序建模已成为目前构建大规模场景 3D 模型的有效解决方案之一。

CityEngine 在城市 3D 建模中所表现出的巨大优势，使其被称为"功能强大的造城软件"。目前，该软件在建筑方案设计、城乡规划设计、园林景观设计、影视动画场景设计、3D 游戏场景制作、3D GIS 大规模场景建模、实景 3D 建模、CIM 和 DTC 建设等方面获得了广泛的应用。

二、本书的特色

1. 版本新。本书采用目前 Esri CityEngine 的最新版本，即 2019 版作为建模软件。该版本采用全新的图形用户界面，具备丰富的街道建模、手动建模和 CGA 规则建模工具，提供了非常重要的测量和视域分析工具，全面支持 Python 脚本，允许将模型导出为虚幻工作室（Unreal Studio）和 Web 3D 场景格式。

2. 内容全。本书依据 CityEngine 的建模特点，将内容划分为 13 章，主要涉及软件界面操作、工程组织方式、场景管理、街道建模、手动三维建模、CGA 规则建模、对象选择、视域分析、模型导入和导出、使用 Python 脚本等，几乎涵盖了 CityEngine 软件的全部功能。

3. 操作细。本书语言通俗易懂，在讲述 CityEngine 软件界面操作和程序建模时，尽量做到步骤细致，操作详细。书中给出的程序样例代码全部经过作者认真核验，并逐句给出对应注释，以帮助学习者快速理解程序建模思路。另外，本书在软件操作方面提供了"中英文"

双语对照讲解，这样能同时方便使用中文或英文界面的读者进行无障碍阅读。

三、本书的读者对象

1. 从事三维地理信息系统（3D GIS）大规模场景的建模人员。
2. 从事建筑方案设计、城乡规划设计和园林景观设计的工程师及相关人员。
3. 从事影视动画场景设计、三维游戏场景制作的工程师和相关人员。
4. 从事实景三维模型、城市信息模型（CIM）和数字孪生城市建设的工程师及相关人员。
5. 大中专院校开设三维建模课程的师生，从事各类三维建模培训的教员及学员。
6. 对 CityEngine 软件的程序建模感兴趣的读者。

四、本书的学习方法

1. 学习内容因人而异。如果您想系统性、全面性地学习 CityEngine，请您从第 1 章开始认真阅读，不要跳跃式学习。如果您仅想学习 CityEngine 的街道建模和手动建模，请您认真阅读第 2 章和第 3 章的有关内容。如果您仅想学习 CityEngine 的程序建模，请您认真阅读第 4 章到第 10 章的有关内容。

2. 阅读本书与软件实践相结合。CityEngine 软件的功能很强大，包含的内容也很多。要想熟练掌握该软件，除了认真阅读本书内容之外，还应对软件操作勤加练习，对 CGA 规则代码多加实践，熟能生巧后才能解决各类建模问题。另外，还要积极参与三维建模项目的实践。只有经过项目实践，才会编写高质量的 CGA 规则代码，才能体会在大规模场景中使用 CGA 规则提高建模效率的意义。

3. 善于使用软件的帮助文档。本书尽管内容全面，但是不能代替软件的帮助文档。本书只是根据作者多年使用 CityEngine 的建模经验编写的入门教程，所介绍的操作也只与教程内容有关。因此，当您阅读本书遇到不明白或不清晰的内容，请按 "F1" 键打开离线帮助文档进行查阅，或使用鼠标左键单击主菜单上的 "Help（帮助）" 按钮选择 "Offline Manual & Reference（离线手册与参考）" 进行查看。在 CityEngine 的帮助文档中，提供了详尽的示例文件，它从最基础的软件操作开始，然后到复杂场景构建、规则编写与应用、数据导入和导出等，其内容涵盖了 CityEngine 的所有功能。在 CityEngine 的工程应用中，学习示例文件是熟练应用 CityEngine 进行城市建模的重要途径。

五、致谢

本书的出版得到了各方面的帮助。首先，本书在编写过程中，得到了机械工业出版社的大力支持，正是该出版社各编辑的耐心指导和认真勘校才使得本书能够按时顺利出版。其次，本书的编写得到了空间信息技术研发与应用南通市重点实验室，长江经济带研究院空间数据分析与应用研究所，自然资源部城市国土资源监测与仿真重点实验室开放基金资助课题（KF-2021-06-022）等在建设经费方面的支持，在此一并表示感谢。最后，感谢南通大学地理科学学院师生对出版本书给予的各方面帮助。另外，也十分感谢我的家人，本书在编写中花费了很多时间，没有家人的支持和鼓励，本书难以成稿。

除了封面署名作者外，还要感谢杨帆、张驰、钞振华、张季一、曹鑫亮等在本书写作中提供的帮助与支持。由于作者水平有限和时间仓促，书中难免存在错误和不当之处，诚请读者批评指正。联系作者电子邮箱：cebooks@163.com。

目 录

第1章　CityEngine 概述

内容导读

　　本章首先概述了 CityEngine 的发展历史和建模特点，然后介绍了 CityEngine 的软件界面和工程组织方式，紧接着，讲解了 CityEngine 的图层及相关操作，最后介绍了 CityEngine 的软件安装过程和使用向导创建虚拟城市的过程。

1.1　CityEngine 发展概述

　　CityEngine 最早可追溯到 2001 年的瑞士苏黎世联邦理工学院（ETH Zürich）和中影（Central Pictures）公司联合发表的 *Procedural Modeling of Cities* 论文，该研究提出并探讨了使用程序（即 L 系统和纹理系统）模拟城市的可行性。在 2008 年，瑞士 Procedural 公司正式发布了第一个商业版本的 CityEngine 2008。随后，该公司在 2009 年和 2010 年先后推出了 CityEngine 2009 版本和 CityEngine 2010 版本。

　　在 2011 年，美国环境系统研究所公司（Environmental Systems Research Institute, Inc. 简称 ESRI 公司）收购了 Procedural 公司，并将软件更名为 Esri CityEngine。同年，ESRI 公司成立了苏黎世研发中心，专注于城市设计、三维（3D）建模和地理信息系统（GIS）集成。

　　自 2011 年 11 月至 2016 年 6 月，ESRI 公司每隔一年更新一版。在这六年的发展中，Esri CityEngine 与 ArcGIS 深入集成，全面支持地图投影坐标系，支持 FileGDB 文件和 Shapefile 文件，增加建模规则，扩展植物库，改善用户界面，使其具有更好的用户体验。

　　在 2017 年，ESRI 公司推出了 Esri CityEngine 2017 版本。相比之前的版本，该版本是一个分水岭，因为它呈现了一个完全改进的图形用户界面，引入了全新的工具栏图标集，更新了窗口选项卡和其他用户界面元素外观，提供了非常重要的测量工具，重新设计了光标以突出显示当前活动的工具状态，实施了新颖的 3D 导航系统，改进及扩展了 CGA 规则函数，完善了数据导入和导出功能，增强了虚拟现实（VR）体验，提高了软件的易用性。

　　在此之后，Esri CityEngine 2018 版本进一步丰富了手动建模工具和程序建模函数库，完善了新建高程数据工作流，改进了对 ArcGIS 平台的支持和对虚幻引擎（Unreal Engine）的支持。另外，检查器和视窗也有显著改进。随后，Esri CityEngine 2019 版本再次丰富了手动建模工具和程序建模函数库，同时改进了检查器窗口和 3D 数据的导入与导出，支持虚幻工作室（Unreal Studio）和 Web 3D 场景，集成了 ArcGIS Urban。

　　在 2020 年，ESRI 公司将 Esri CityEngine 更名为 ArcGIS CityEngine，并发布了 2020 版本。随后，ESRI 公司在 2021 年又发布了 ArcGIS CityEngine 2021 版本。至此，CityEngine 已成为 ArcGIS 系列的正式组成部分，也体现了 CityEngine 与 ArcGIS 产品的无缝协作目标。ArcGIS CityEngine 相比 Esri CityEngine 2019 版本在软件界面和操作方面并无显著区别，只是在渲染材

质、支持外部模型以及模型编辑方面有所改进，主要体现在改进了对基于物理渲染（Physicallly-Based Rendering，简称 PBR）材质的显示，对 Pixar 公司的开源通用场景描述（Universal Scene Description，简称 USD）数据格式的支持，增加了交互式设计的工具选项。另外，在软件操作界面上提供了对中文的支持，在 CGA 规则中增加了对数组的支持及对 CSV 文件的支持。

1.2　CityEngine 建模特点

1.2.1　使用 GIS 数据作为背景底图

如果将地球抽象为椭球体，并以地球质心或椭球体中心为参考点建立球面坐标系，那么地表上的任意地物都可以被量测，即具有地理坐标（经度、纬度和高程）。然而，在中小尺度空间范围内，使用地理坐标进行量测存在较大的误差。为减少误差，需要将地理坐标经投影变换转为平面坐标。对于高斯-克吕格投影，为减少投影变形，通常使用 3°或 6°分带投影，从而得到某一区域的投影坐标系或平面坐标系。而 GIS 数据则是投影坐标系或平面坐标系的重要载体。

在大规模场景的城市建模中，所有的地理实体都具有平面坐标，都可以在 GIS 数据中被描述。而 CityEngine 全面支持 GIS 数据，在矢量数据方面，支持 ArcGIS 的 File GDB 和 shapefile 数据、OpenStreetMap 的 osm 数据以及 GoogleEarth 的 kml 数据等；在栅格数据方面，支持无人机拍摄的正射影像 tiff 数据、支持遥感影像获取的 img 数据等。基于 GIS 数据，使用 CityEngine 可以快速构建数字孪生 3D 场景，比如利用点数据生成植物（如乔木、灌木等）、道路杆件及标志系统（如电线杆、路牌杆、通信杆、监控杆等），利用线数据生成街道，利用面数据生成建筑物，利用纹理数据生成实景地表等。与此同时，基于 GIS 数据，使用 CityEngine 还可以进行高效的城市规划设计，从而协调城市各方面发展，保证城市空间资源的有效配置和土地资源的合理利用。

1.2.2　使用 CGA 规则进行程序建模

CityEngine 提供了具有实用性的 CGA（Computer Generated Architecture）程序建模规则。该规则抽象了 3D 城市建模中的常用工具，使用这些工具可以快速构建复杂的街道、建筑和场景模型。CGA 规则是基于语法的、过程式的建模语言，它定义了创建几何体形状和纹理贴图的一系列规则。使用这些规则作用于几何体形状可以实现批量化、自动化建模。

基于 CGA 规则的建模思路是首先编写规则代码，然后对形状分配规则并生成模型。在建模过程中，通过创建越来越多的细节来优化模型结构，最终生成复杂的模型，其完整的建模过程如图 1-1 所示。

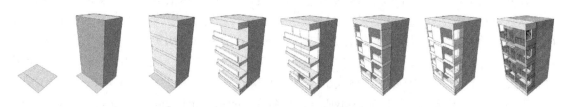

图 1-1　基于 CGA 规则的完整建模过程

在大规模场景内，使用 CGA 规则建模，可以显著提高 3D 建模效率，降低建模成本。对于重复性出现的建模任务，可以使用 Python 脚本进一步简化工作流程，以加快建模进度和保证建模质量。

使用 CityEngine 和常规三维建模软件在建模效率方面的差异如图 1-2 所示。当模型规模较小时，CityEngine 的建模优势是无法体现的。比如在使用 CityEngine 创建单体建筑模型时，其建模成本通常是高于常规模型的。但当模型规模进一步增加时，CityEngine 的建模优势开始逐渐体现。通常模型规模的增加意味着具有更多相似的建筑，也就意味着有规则，也就是可以编写通用性的 CGA 规则来建

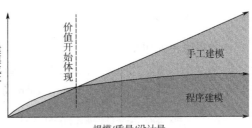

图 1-2　程序建模与手工建模效率对比

模。相似的内容越多，使用 CGA 规则进行三维建模的效率就越高，而建模成本则趋于平缓。

1.2.3　使用属性和注解自定义用户界面

通用性的 CGA 规则在某种程度上可被理解为是 CityEngine 的插件，比如双跑直行楼梯规则通过修改台阶和中间平台的尺寸参数可适应几乎全部的直跑楼梯和双跑直行楼梯建模，而台阶和中间平台的尺寸参数可通过使用 CGA 规则的属性和注解将其作为接口显示在检查器的 Rules 面板中，也就是说允许用户在检查器中自定义参数界面，以适应当前的楼梯建模任务。

在城市规划设计中，建筑体的很多重要性参数（比如楼高、屋顶坡度等）是不确定的，通常需要将这些参数作为接口并以图形化界面的方式显示在检查器的 Rules 面板中。通过为建筑体设置不同的参数从而形成多个设计方案，以此提供设计方案的多样性和可选性。

在 CityEngine 中，自定义用户界面除了体现在检查器的 Rules 面板中，还体现在场景视图中。通过使用手柄注解将 CGA 规则中的参数作为可调按钮显示在 3D 视图中，允许用户直接使用鼠标操控的方式来更改模型的形态和样式。

1.3　CityEngine 软件界面

CityEngine 软件界面大致可分为主菜单、工具条、导航器、场景器、编辑器、模型视图（如 3D 视图、顶面视图等）、检查器、控制台、日志、状态条等内容，如图 1-3 所示。

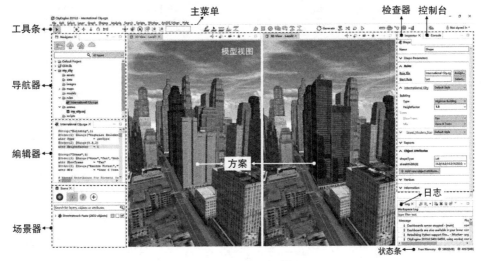

图 1-3　CityEngine 软件界面

1.3.1　主菜单

主菜单主要包括："File（文件）""Edit（编辑）""Select（选择）""Layer（图层）""Graph（图形）""Shapes（形状）""Analysis（分析）""Search（查找）""Scripts（脚本）""Window（窗口）""ArcGIS Urban（ArcGIS 城市）""Help（帮助）"等内容，如图 1-4 所示。

图 1-4　主菜单

其中"File（文件）"菜单主要包括对文件的基本管理、获取地图数据、模型导入和导出、刷新和切换工作空间等内容。"Edit（编辑）"菜单主要包括对形状和方案的常规管理、形状变换、环境设置、测量和首选项等内容。"Select（选择）"菜单主要用于选择形状和模型对象。"Layer（图层）"菜单主要包括对图层的基本管理、对齐地形到形状、对齐静态模型到地形以及重置地形等内容。"Graph（图形）"菜单主要包括对街道及曲线的建模操作。"Shapes（形状）"菜单主要包括对形状的建模操作。"Analysis（分析）"菜单用于进行 3D 视域分析。"Search（查找）"菜单主要用于文件或文本的查找。"Scripts（脚本）"菜单主要用于添加和管理 Python 脚本程序。"Window（窗口）"菜单主要包括显示布局、新建视口（如顶面视图、3D 视图、正面视图等）、显示导航器、显示层次树、显示仪表盘、显示外观向导、显示控制台、显示日志等内容。"ArcGIS Urban（ArcGIS 城市）"菜单主要用于和 ArcGIS Urban 软件同步场景方案和发布模型。"Help（帮助）"主要提供离线帮助手册、CGA 参考和教程示例等内容。上述各菜单包含的详细操作见表 1-1。

表 1-1　主菜单包含的操作汇总

File（文件）			
操作	描述	操作	描述
New（Ctrl + N）	新建（Ctrl + N）	Export	导出
Open（Ctrl + O）	打开（Ctrl + O）	Export Models（Ctrl + E）	导出模型（Ctrl + E）
Save（Ctrl + S）	保存（Ctrl + S）	Export 360 VR Experience	导出 VR
Save As	另存为	Refresh Workspace	刷新工作空间
Save All（Ctrl + Shift + S）	保存全部（Ctrl + Shift + S）	Import Zipped Project into Workspace	将压缩项目导入工作空间
Share As	共享为	Import/Link Project Folder into Workspace	将项目文件夹导入/链接到工作空间
Sign in	签到	Manage ESRI. lib	管理 ESRI. lib 库
Get Map Data	获取地图数据	Swith Workspace	切换工作空间
Import	导入	Exit	退出
Edit（编辑）			
操作	描述	操作	描述
Undo（Ctrl + Z）	撤销（Ctrl + Z）	Open Scenario Manager	打开方案管理器

（续）

Edit（编辑）			
操作	描述	操作	描述
Redo（Ctrl + Y）	重做（Ctrl + Y）	Find/Replace（Ctrl + F）	查找/替换（Ctrl + F）
Cut（Ctrl + X）	剪切（Ctrl + X）	Make Names Unique	生成唯一名称
Copy（Ctrl + C）	复制（Ctrl + C）	Move Tool（W）	平移工具（W）
Paste（Ctrl + V）	粘贴（Ctrl + V）	Rotate Tool（R）	旋转工具（R）
Delete（Delete）	删除（Delete）	Scale Tool（E）	缩放工具（E）
Copy to Scenario	复制到方案	Edit Scene Light and Panorama	编辑场景光和全景底图
Move to scenario	移动到方案	Measure Distance（M, D）	测量距离（M, D）
Make default object	生成默认对象	Measure Area and Path（M, A）	测量面积和路径（M, A）
Remove from current scenario	从当前方案中移除	Preferences	首选项

Select（选择）			
操作	描述	操作	描述
Select All（Ctrl + A）	全选（Ctrl + A）	Select Objects of Same Group	选择相同组对象
Deselect All（Ctrl + Shift + A）	全不选（Ctrl + Shift + A）	Select Objects with Same Rule File	选择具有相同规则文件对象
Invert Selection	反选	Select Objects with Same Start Rule	选择具有相同起始规则对象
Selection Tool（Q）	选择工具（Q）	Select Continuous Graph Objects	选择连续图对象
Select Objects in Same Layer	选择同一图层对象	Save Selection Set As	另存选择集
Select Objects by Map Layer	选择地图图层对象	Apply Selection Set	应用选择集
Select Objects in Same Layer Group	选择同一图层组对象	Edit Selection Sets	编辑选择集
Select Objects of Same Type	选择相同类型对象		

Layer（图层）			
操作	描述	操作	描述
Duplicate Layer	复制图层	New Static Model Layer	新建静态模型图层
Merge Layers	合并图层	New Analysis Layer	新建分析图层
Frame Layer	全局显示图层	New Map Layer	新建地图图层
Duplicate Layer Group	复制图层组	Align Terrain to Shapes	对齐地形到形状
New Layer Group	新建图层组	Reset Terrain	重置地形
New Graph Layer	新建图形图层	Align Static Models to Terrain	对齐静态模型到地形
New Shape Layer	新建形状图层		

Graph（图形）			
操作	描述	操作	描述
Street Creation Settings	设置街道参数	Simplify Graph	简化图形
Freehand Street Creation（Shift + G）	创建手绘街道（Shift + G）	Cleanup Graph	清理图形

（续）

Graph（图形）			
操作	描述	操作	描述
Polygonal Street Creation（G）	创建多边形街道（G）	Reset Shape Attributes	重置形状属性
Edit Streets/Curves（C）	编辑街道/曲线（C）	Grow Streets	生成街道
Set Curves Straight	设置曲线硬直	Align Graph to Terrain	对齐图形到地形
Set Curves Smooth	设置曲线平滑	Fit Widths to Shapes	调整街宽到形状
Curves Auto Smooth	曲线自动平滑	Analyse Graph	分析图形
Generate Bridges	生成桥梁	Convert to Static Shapes	转换为静态形状

Shapes（形状）			
操作	描述	操作	描述
Subdivide	形状细分	Offset Shapes	形状偏移
Align Shapes to Terrain	对齐形状到地形	Remove Holes	移除孔洞
Polygon Shape Creation（S）	创建多边形形状（S）	Convert Models to Shapes	模型转形状
Rectangular Shape Creation（Shift + S）	创建矩形形状（Shift + S）	Cleanup Shapes	形状清理
Circular Shape Creation（Shift + C）	创建圆形形状（Shift + C）	Crop Image	裁剪图像
Reverse Normals	反向法线	Texture Shapes	形状贴图
Compute First/Street Edges	计算首边/街道边	Assign Rule File	分配规则文件
Set First Edge	设置首边	Generate Models（Ctrl + G）	生成模型（Ctrl + G）
Set Street Edges	设置街道边	Re-Generate all Models（Ctrl + F5）	重新生成所有模型（Ctrl + F5）
Separate Faces	分离面	Update Seed（Ctrl + Shift + G）	更新种子（Ctrl + Shift + G）
Combine Shapes	形状融合	Reset Seed	重置种子
Union Shapes	形状合并	Delete Models	删除模型
Subtract Shapes	形状裁剪	Reset attributes and style	重置属性和样式

Analysis（分析）			
操作	描述	操作	描述
Viewshed Creation	创建视域	View Corridor Creation	创建廊道
View Dome Creation	创建穹顶		

Search（搜索）			
操作	描述	操作	描述
Search（Ctrl + H）	搜索（Ctrl + H）	Text	文本搜索
File	文件搜索		

Scripts（脚本）			
操作	描述	操作	描述
Add Script	添加脚本	Remove Script	删除脚本

Window（窗口）			
操作	描述	操作	描述
Layout	布局	Show Problems	显示问题
New Viewport	新建视窗	Show Console	显示控制台
Inspector（Alt + I）	检查器（Alt + I）	Show Log	显示日志
Show Navigator	显示导航器	Show Progress	显示进度
Show Model Hierarchy	显示模型层次结构	Hide Toolbar	隐藏工具条
Show Dashboard	显示仪表盘	Hide Status Line	隐藏状态行
Show Façade Wizard	显示外观向导		
ArcGIS Urban（ArcGIS 城市）			
操作	描述	操作	描述
Get Project/Plan	获取项目/计划	Publish selected models to Urban Scene Layer	将选定模型发布到城市场景图层中
Synchronize all scenarios	同步所有方案	Open in Webbrowser	在网络浏览器中打开
Help（帮助）			
操作	描述	操作	描述
Offline Manual & Reference（F1）	离线手册与参考（F1）	Forum	论坛
CityEngine Help	CityEngine 在线帮助	Training	训练
CGA Reference	CGA 参考	Blog	博客
Tutorials	教程	Ideas	想法
Download Tutorials and Examples	下载教程和示例	Social Media	社交媒体
What's new in CityEngine	CityEngine 新功能	Show Key Assist（Ctrl + Shift + L）	显示辅助键（Ctrl + Shift + L）
Resource Center	资源中心	About CityEngine	关于 CityEngine

1.3.2　工具条

　　工具条主要包括选择、导航摄像机、变换工具、坐标系、数值输入框、街道建模工具、形状建模工具、CGA 生成模型、测量工具、视域分析和环境设置等内容，如图 1-5 所示。

图 1-5　工具条

这些工具的主要作用介绍如下：

1）选择工具：即工具条中的"Select ▶"，用于选取形状对象。

2）导航摄像机：用于浏览 3D 模型，包括"Frame all viewports（全局视图）⬚""Pan/Track（平移）✛""Dolly/Zoom（缩放）↕""Tumble/Rotate（旋转）↻""Look around（环顾）▱"等操作。

3）变换工具：用于对形状进行变换，包括"Move（移动）◆⬙▶""Scale（缩放）▤""Rotate（旋转）⬙"。

4）坐标系：作为空间参考用于辅助变换工具编辑形状，包括"World coordinates system（世界坐标系）🌐""Object coordinates system（对象坐标系）⬙""Lock and use current coordinates system（锁定和使用当前坐标系）🔒"。

5）街道建模工具：用于手动创建街道，包括"Freehand street creation（创建手绘街道）✎""Polygonal street creation（创建多边形街道）⛿""Edit streets/curves（编辑街道/曲线）⬙""Cleanup streets（清理街道）⬙""Align streets to terrain（对齐街道到地形）⬙"等操作。

6）形状建模工具：用于手动创建三维模型，包括"Polygonal shape creation（创建多边形形状）◗""Rectangular shape creation（创建矩形形状）▢""Circular shape creation（创建圆形形状）◓""Texture shapes（形状贴图）▦""Cleanup shapes（形状清理）⬙""Align terrain to shapes（对齐地形到形状）⬙""Align shapes to Terrain（对齐形状到地形）⬙"等操作。

7）CGA 生成模型：用于为形状分配起始规则并生成模型，包括"Generate models of selected shapes（生成选定形状的模型）⟳ Generate""Assign rule files（分配规则文件）cga""Update seed（更新种子）⤫""Reset attributes and style（重置属性和样式）↩""Make local edits（使用局部编辑）▷"。

8）测量工具：用于测量点集之间的距离，包括："Measure Distance（测量距离）▭""Measure Area and Path（测量面积和路径）⬓"。

9）视域分析：用于进行可见性分析，包括"Viewshed creation（创建视域）▽""View dome creation（创建穹顶）◉""View corridor creation（创建廊道）◀▮"。

10）环境设置：即"Scene light and panorama（场景光和全景图像）☁"，用于设置日光参数和全景底图。

1.3.3　导航器

导航器用于查看和管理项目文件。在该面板中，通过使用鼠标右键快捷菜单，可对文件或图像进行基本的文件管理操作，如图 1-6 所示，包括"File Preview（文件预览）""Open（打开）""Open With（打开方式）""Show In File Manager（在文件管理器中显示）""New（新建）""Copy（复制）""Paste（粘贴）""Delete（删除）""Move（移动）""Rename（重命名）""Import（导入）""Export（导出）""Crop Image（裁剪图像）""Share As（共享为）""Collapse All（全部折叠）""Properties（属性）"等。

1.3.4　场景器

在导航器中使用鼠标左键双击场景文件（*.cej），会打开场景器，用于对场景中的各个图层组、图层及对象进行编辑和管理。在每个图层的右侧提供了"Set Color（设置颜色）▨""Lock/Unlock（锁定/解锁）🔒"和"Set Visibility（显隐）☑"操作。在形状图层上，通过使用鼠标右键快捷菜单可对形状进行基本的管理操作，如图 1-7 所示，包括"Select Objects（选择对象）""Cleanup Shapes（形状清理）""Align Shapes to Terrain（对齐形状到地形）""Assign Rule File（分配规则文件）""Generate（生成模型）""Delete Models（删除模型）""Frame（全局视图）""Rename（重命名）""Cut（剪切）""Copy（复制）""Paster（粘贴）""Delete（删除）""New（新建）""Create Feature Layer（创建特征图层）"等。

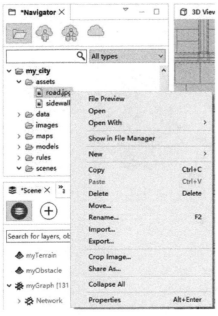

图 1-6　导航器　　　　　　　　　　图 1-7　场景器

1.3.5　编辑器

在导航器中使用用鼠标左键双击 CGA 规则文件或 Python 脚本，会打开编辑器，用于对 CGA 规则或 Python 脚本进行编辑。该编辑器会高亮显示 CGA 或 Python 关键字并提供语法错误检查。

1.3.6 模型视图

CityEngine 提供了多种模型视图，包括："3D View（3D 视图）""Top View（顶面视图）""Front View（正面视图）""Side View（侧面视图）"，这些视图的显示效果如图 1-8 所示。在 CityEngine 中，默认情况下的模型视图只显示 3D 视图，如需创建其他视图可通过主菜单的 "Window（窗口）"→"New Viewport（新建视窗）"完成，如图 1-9 所示。

在模型视图窗口顶部工具栏提供了渲染模型的参数设置，包括："Scenario（切换方案）" "Visibility settings（可见性设置）" "View settings（视图设置）" 和 "Book-marks（书签）"，如图 1-10 所示。

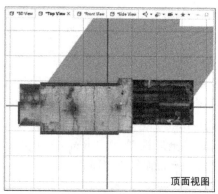

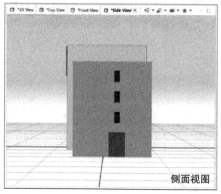

图 1-8 模型视图

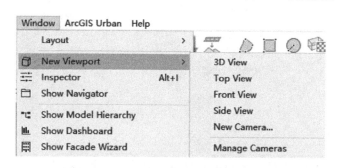

图 1-9 创建其他视图

图 1-10 渲染模型的参数设置

1）"Scenario（切换方案）"：对不同建模方案进行切换。

2）"Visibility settings（可见性设置）"：对图层中可见性要素进行选择性渲染，比如在图层中隐藏街道，只显示形状。也可以在一个视图中只显示形状，在另一个视图中只显示模型。可见性设置包含的选项有："Isolate Selection（隔离当前选择，隐藏未选择的对象）⬡""Show/Hide Map Layers（显/隐地图图层）⛰""Show/Hide Graph Networks（显/隐街道图形网络）✖""Show/Hide Shapes（显/隐形状）⬡""Show/Hide Models（显/隐模型）⬛""Show/Hide Analyses（显/隐分析层）⚲"。

3）"View settings（视图设置）"：用于对摄像机参数和视图显示效果进行设置，包含的选项见表1-2。在该表中，镜头的焦距越短，呈现景物的景深越长，景物远近层次感越强烈，透视关系就越明显。平行投影已无透视关系，常用于顶面视图。在视图设置中，使用纹理、阴影、线框、光影等不同方式渲染模型的效果如图1-11所示。

表1-2　视图设置选项及功能描述

菜单选项	功能描述
10mm fisheye lens（121°FOV）	10mm 鱼眼镜头（121°大视场）
18mm ultra-wide lens（90°FOV）	18mm 超广角镜头（90°视场）
24mm wide-angle lens（73°FOV）	24mm 广角镜（73°视场）
35mm standard lens（54°FOV）	35mm 标准镜头（54°视场）
50mm standard lens（39°FOV）	50mm 标准镜头（39°视场）
70mm telephoto lens（28°FOV）	70mm 长焦镜头（28°视场）
135mm telephoto lens（15°FOV）	135mm 长焦镜头（15°视场）
Parallel projection view	平行投影视图
Wireframe	线框渲染
Shaded	阴影渲染
Textured	纹理渲染
Wireframe on Shaded/Textured	启用/关闭阴影或纹理上的线框
Shadows	启用/关闭模型光影。在大型模型上启用光影可能会影响渲染性能
Ambient Occlusion	启用/关闭环境光
On-camera light	启用/关闭摄像机光
Single-Sided Lighting	启用/关闭单面照明。在关闭单面照明的情况下，两面都被照亮
Backface Culling	启用/关闭剔除背面。启用删除背面后，仅渲染面对摄像机的正面
Information Display	显隐信息提示。信息提示会提供当前场景的一些统计信息，如坐标、对象数和多边形数
Axes	显隐坐标轴
Compass	显隐指南针
Grid	显隐格网
Bookmarks gizmos	切换书签
Handles	显隐手柄，需使用注解@Handle起效
View Coordinate System	切换坐标系

4）"Bookmarks（书签）"：用于保存当前姿态的摄像机镜头。书签可从书签菜单中访问。

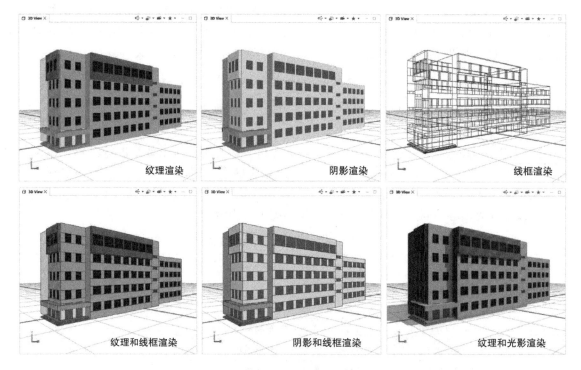

图 1-11　使用不同方式渲染模型的效果

对于预定义的透视、正面、顶部和侧面摄像头，始终有一个"主页"书签，以用于恢复当前摄像头的默认配置。显示主页书签可通过按"H"键来激活。

1.3.7　检查器

检查器（Inspector）是查看和修改 CityEngine 场景对象的主要工具。根据所选对象的类型，检查器会呈现相应的交互界面以提供对对象属性的访问权限。

对于类似形状的图层对象，检查器将显示其所有属性和参数。如果对象与 CGA 规则文件相关联，则将解析规则文件，并在 Rules 面板中显示规则属性。

检查器不仅支持单个对象的编辑，还支持多个对象的编辑。在所有对象中唯一的属性会按原值显示。如果某些属性在对象集合中具有不同值，则该属性将被标记为"?"。不管属性值是否唯一，更改值都会将此值应用于集合中的所有对象。这会在大型对象的属性编辑中提高建模效率。此外，检查器会按类型自动将对象集合进行分组，从而即使对于异构集合也可以进行编辑。

对于地图图层，检查器允许实时更改图像文件、修改边界和调整显示偏移。除此之外，检查器还可以指定地图的叠加颜色和 Alpha 值，编辑地图图层中的属性映射。

1.3.8　控制台

CityEngine 提供了控制台（Console）面板，用于实时输出 CGA 规则的打印内容或 Python 脚本产生的文本，同时也支持 Python 命令的输入。

在控制台顶部工具栏显示了控制台不同类型的切换操作。控制台类型主要包括：CGA 控制台、Python 输出控制台和 Python 输入控制台。

其中 CGA 控制台用于输出 CGA 打印命令产生的文本内容。Python 输出控制台用于输出 Python 打印命令产生的文本内容。Python 命令控制台用于输入 Python 命令，执行交互操作。执行此功能，需要在"Open Console（打开控制台）📋"→"Python Console"中打开此操作台。

1.3.9　日志

在日志（Log）窗口中显示了执行操作时的日志记录。日志记录由 CityEngine 的各个部分创建，范围从信息性消息到严重的内部错误条件（例如内存不足）。每个日志记录的属性和值都显示在该视图中。使用日志视图在追踪奇怪或错误的程序行为时特别有用。

通常日志中的黄色表示警告，红色表示错误，无颜色表示正常信息。打开日志窗口的操作需要单击主菜单的"Window（窗口）"→"Show Log（显示日志）"按钮。

1.3.10　状态条

CityEngine 的状态条主要用于实时显示当前的内存使用情况，这在进行大规模场景的模型转换时非常有用，此外还会显示当前的场景坐标系。

1.4　CityEngine 工程组织方式

CityEngine 的工程（Project）由多个文件夹及文件构成。当新建一个工程时，通常会自动产生"assets（资产）""data（数据）""images（图像）""maps（地图）""models（模型）""rules（规则）""scenes（场景）""scripts（脚本）"等文件夹。这些文件夹的主要作用如下。

1）"assets（资产）"：通常用于存放建模中所使用的纹理图片和静态模型。在使用 CGA 规则时，会调用该文件夹中的资产文件。在建模中，可通过双击资产文件在"Preview（预览）"窗口中预览外观。

2）"data（数据）"：此文件夹可包含任意补充数据。比如导入的矢量数据，每个场景的仪表板（Dashboard）配置文件以及每个图层的高程增量文件等。在建模中与之相关的资料文件，如插图、草图等，也可放在此处。

3）"images（图像）"：其他图像（比如视图快照文件）存储在此处。

4）"maps（地图）"：通常用于存储创建地图图层所使用的地图图像。如遥感影像、高程数据或障碍物图。CityEngine 支持多种位图文件格式，如".jpg"".png"".tif"。另外，单击主菜单的"File（文件）"→"Get Map Data（获取地图数据）"选项所下载的卫星影像数据也会存储在此处。

5）"models（模型）"：CityEngine 导出 3D 模型的默认位置。

6）"rules（规则）"：用于存储 CGA 规则文件（.cga）。双击 CGA 文件可直接在 CGA 编辑器中打开。

7）"scenes（场景）"：用于存储 CityEngine 的场景文件（.cej）。双击场景文件将关闭当前场景（如果有）并打开新选择的场景。

8）"scripts（脚本）"：用于存储 Python 脚本文件（.py）。双击脚本文件可直接在脚本编辑器中打开。

从文件之间的逻辑关系来看，CityEngine 中的工程由多个场景（Scene）组成，每个场景包含多个方案（Scenario），每个方案包含多个图层（可以为单个或多个地图图层、图形图层、形状图层、静态模型图层、分析图层）。特定的图层（比如形状图层和图形图层）可通过调用 CGA 规则文件来构建三维模型。地图图层可通过 CGA 规则文件来映射属性。它们之间的依赖关系如图 1-12 所示。

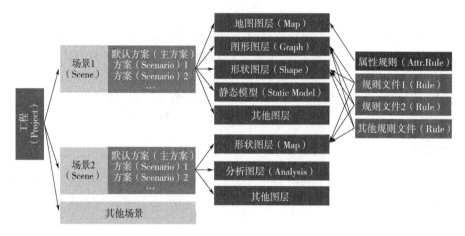

图 1-12　场景、方案、图层和规则文件之间的依赖关系

提示 CityEngine 中关于街道、图形、形状和模型的区别及联系。街道（Street）是由边和节点构成的折线，因此它是图形（Graph）的一种表现形式。除了街道，现实世界中还有很多要素可以抽象为图形，比如管线、边界等。形状（Shape）是由多边形（即面）、顶点和边组成的二维或三维几何体。闭合的街道形成的街区显然包含了形状。使用形状建模工具创建的多边形、矩形或圆形显然属于形状。如果在形状上分配 CGA 规则，并使用规则进行驱动，由此生成的产物则属于模型（Model）。因此，形状也泛指未使用 CGA 规则的多边形或多面体。另外，在 CityEngine 中，模型还包括使用导入的方式生成的静态模型，可以为二维或三维几何体。

1.5　CityEngine 图层介绍及操作

CityEngine 中的图层主要包括图形图层、形状图层、静态模型图层、分析图层和地图图层。

1）图形图层：主要由图形要素形成的图层。在图论中，图形（Graph）也称为图，它由边和节点构成。在地理信息系统中，如果将街道抽象为线要素，则边由街道中心线构成，节点由中心线的交叉点构成。街道相互串联构成了街道网络，它代表了城市的脉络，描述了城市的布局。

2）形状图层：主要由形状要素组成的图层。在 CityEngine 中，形状（Shape）是基础元素。无论是街道建模还是街区建模，也无论是手动建模还是规则建模，形状都是最重要的实体。创建形状对象可以使用导入外部矢量数据的方式，也可以使用形状建模工具直接创建。在城市信息模型建设中，由于大多数形状都是从地块开始，因此初始形状也被称为初始地块（Lot）。

3）静态模型图层：用于存放静态模型的图层。所谓静态模型（Static Model）是指由第三方建模软件生成的三维模型，通常为单体或小品模型（如建筑物、植物、人物、动物、其他物体等）。静态模型在 CityEngine 中不可被编辑，其顶点不能被移动，其纹理不能被更改，也不能使用 CGA 规则进行驱动。通常对于复杂的、曲面的、难以精细建模的单体模型，如人物、植物、动物、车辆、水法等可采用第三方建模软件建模，然后再导入 CityEngine 中生成静态模型，以此丰富场景内容。

4）分析图层：用于存储空间分析结果的图层。CityEngine 中的"Analysis（分析）"主要指视域分析（Visibility Analysis）。

5）地图图层：主要用于将图像数据（如遥感影像或高程数据）作为地图对象添加到场景中以提供背景地图。另外，还可以创建图像数据到各种属性（如坐标、分辨率、高程值等）的映射关系。地图图层包括五种类型："Terrain（地形）""Texture（纹理）""Obstacle（障碍）""Mapping（映射）"和"Function（函数）"。

1.5.1　Layer 图层操作

CityEngine 涉及的图层操作主要位于主菜单的"Layer（图层）"中，如图 1-13 所示，包括："Duplicate Layer（复制图层）""Merge Layers（合并图层）""Frame Layer（全局显示图层）""Duplicate Layer Group（复制图层组）""New Layer Group（新建图层组）""New Graph Layer（新建图形图层）""New Shape Layer（新建形状图层）""New Static Model Layer（新建静态模型图层）""New Analysis Layer（新建分析图层）""New Map Layer（新建地图图层）""Align Terrain to Shapes（对齐地形到形状）""Reset Terrain（重置地形）""Align Static Models to Terrain（对齐静态模型到地形）"。

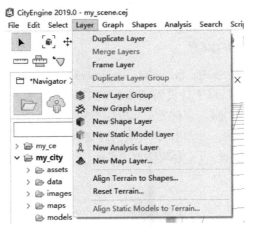

图 1-13　Layer 图层

1.5.2　Scene 图层操作

CityEngine 为场景方案中的图层或图层组提供了"Set Color（设置颜色）⬜""Lock/Unlock（锁定）🔒"和"Set Visibility（显隐）✔"操作。

1）"Set Color（设置颜色）"：设置当前图层中所有对象的填充颜色。

2）"Lock/Unlock（锁定）"：锁定复选框会设置图层的锁定状态，当图层被锁定时，图层中的对象将无法被选择和修改。当图层组被锁定时，子图层和组将保持其原始锁定状态，但无法被选择。

3）"Set Visibility（显隐）"：显隐复选框会控制图层在模型视图（如 3D 视图）中的显示和隐藏。

在场景的图层上，单击鼠标右键打开快捷菜单，可以实现图层的复制、剪切、粘贴、删除、重命名等基本操作。

1.6　CityEngine 安装过程

CityEngine 的安装过程主要涉及同意安装协议和设置安装目录，具体操作如下。

首先使用鼠标左键双击安装程序，打开安装向导对话框，如图 1-14 所示，然后单击"Next（下一步）"按钮，进入主协议对话框，如图 1-15 所示。

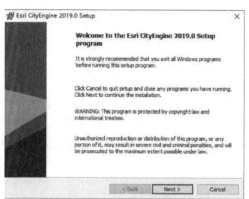

图 1-14　安装向导对话框　　　　图 1-15　主协议对话框

在该对话框中，勾选"I accept the master agreement（我接受主协议）"选项，单击"Next（下一步）"按钮，进入选择目标文件夹对话框，如图 1-16 所示。

在该对话框中，单击"Change（修改）"按钮设置安装目录，单击"Next（下一步）"按钮，进入准备安装程序对话框，如图 1-17 所示。在该对话框中，单击"Install（安装）"按钮，等待软件安装，如图 1-18 所示，直至安装结束，单击"Finish（完成）"按钮，如图 1-19 所示。

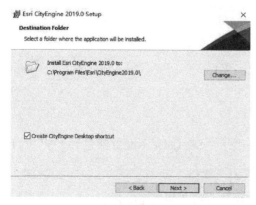

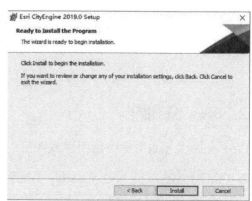

图 1-16　选择目标文件对话框　　　　图 1-17　准备安装程序对话框

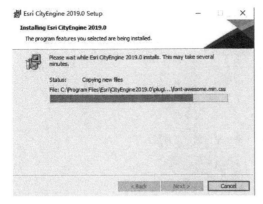 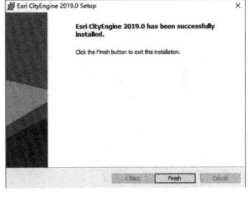

图 1-18　等待软件安装对话框　　　　　　　图 1-19　安装结束对话框

1.7　使用 CityEngine 向导创建虚拟城市

　　CityEngine 向导提供了不同类型的城市模板。利用城市模板可快速创建大规模场景的、不同风格的虚拟城市，具体操作如下。

　　首先使用鼠标左键单击主菜单的"File（文件）"→"New（新建）"按钮，打开新建向导对话框，如图 1-20 所示。在该对话框中选择"CityEngine"→"City Wizard"选项，然后单击"Next（下一步）"按钮，进入地形设置对话框，如图 1-21 所示。

 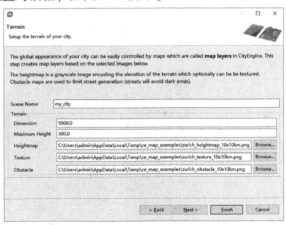

图 1-20　新建向导对话框　　　　　　　　　图 1-21　地形设置对话框

　　在该对话框中，设置"Scene Name（场景名称）""Dimension（地形尺寸）""Maximum Height（最大高程）""Heightmap（高程图）""Texture（纹理数据）""Obstacle（障碍数据）"等内容，其中高程图、纹理和障碍数据可以采用 CityEngine 自带的苏黎世（Zurich）示例数据，然后单击"Next（下一步）"按钮，进入选择街道对话框，如图 1-22 所示。在该对话框中，选择"City Size（城市规模）"和"City Layout（城市布局）"。其中，城市布局包括："Default（默认型）""Berlin-like（仿柏林型）""Radial（辐射型）""Barcelona（仿巴塞罗那型）""Spiral（螺旋型）""Siena-like（仿锡耶纳型）""Hexagon（六边型）"和"SF-like"等类型。然后单击"Next（下一步）"按钮，进入选择城市样式对话框，如图 1-23 所示。

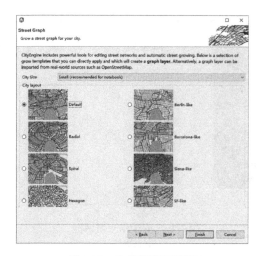

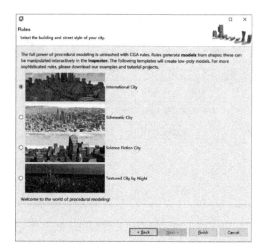

图 1-22　选择街道对话框　　　　　　　　　图 1-23　选择城市样式对话框

在该对话框中，基于 CGA 规则提供了四种城市样式，分别为 "International City（国际型城市）" "Schematic City（示意型城市）" "Science Fiction City（科幻型城市）" 和 "Textured City by Night（夜幕型城市）"，选择其中一种类型，单击 "Finish（完成）" 按钮。最终生成的城市模型效果如图 1-24 所示。

图 1-24　生成城市模型效果

第 2 章　街道建模

内容导读

　　本章首先介绍了新建项目、场景、地图图层和街道图层的过程，然后介绍了街道网络的构成及属性，紧接着，讲解了随机街道建模方法和手动街道建模方法，最后对创建街区的过程进行了说明。

2.1　新建项目

　　在进行街道建模之前，首先需要新建项目，具体操作如下。

　　首先在 CityEngine 的主菜单上单击"File（文件）"→"New（新建）"按钮，打开"Select a wizard（选择向导）"对话框，如图 2-1 所示。然后在 CityEngine 下拉列表中选择"CityEngine project（CityEngine 项目）"，单击"Next（下一步）"按钮，打开"Project folder（工程目录）"对话框，如图 2-2 所示。在该对话框中，输入新项目名称，设置项目位置（默认使用缺省位置），单击"Finish（完成）"按钮，完成新项目的创建，所生成的缺省文件夹列表如图 2-3 所示。

图 2-1　选择向导对话框

图 2-2　工程目录对话框

图 2-3　缺省文件夹列表

随后，将准备好的地图相关数据，如地形数据、障碍数据和纹理数据等复制到文件夹 maps 中，如图 2-4 所示。

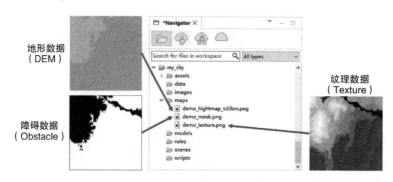

图 2-4   复制地图数据到文件夹 maps 中

2.2   新建场景

在"Navigator（导航器）"的文件夹 scenes 中单击鼠标右键，在快捷菜单中选择"New（新建）"→"CityEngine Scene（CityEngine 场景）"，进入新建场景对话框，如图 2-5 所示。在该对话框中，设置场景的路径、名称和坐标系。

在"Select Coordinate System（选择坐标系）"对话框中，如果使用地理信息系统数据可选择"Projected Coordinate Systems（投影坐标系）"或"World（世界坐标系）"，如果使用的数据无任何地理坐标参考，可选择"Raw data in meters（粗数据）"或直接单击"Cancel（取消）"按钮不予处理，如图 2-6 所示。由于 CityEngine 的建模机制基于平面坐标系构建，因此该对话框不提供地理坐标系（如常用的 CGCS2000 地理坐标系或 WGS-84 地理坐标系）。

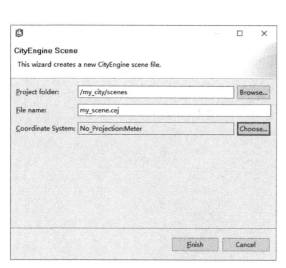

图 2-5   新建场景对话框

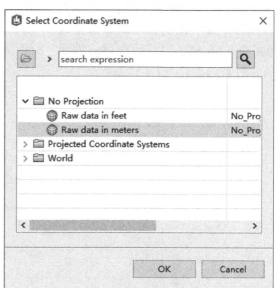

图 2-6   选择坐标系对话框

最终新建后的空白场景如图 2-7 所示。

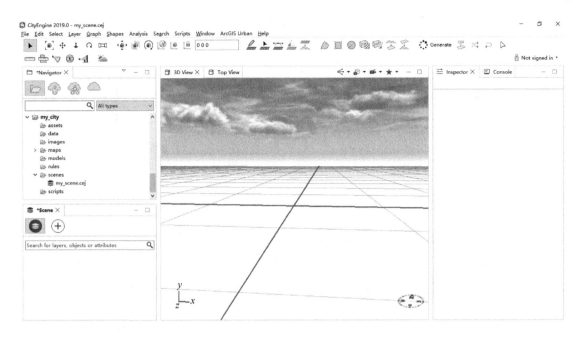

图 2-7　新建后的空白场景

2.3　新建地图图层

CityEngine 中的地图图层包括五种类型："Terrain（地形图层）""Texture（纹理图层）""Obstacle（障碍图层）""Mapping（映射图层）"和 "Function（函数图层）"。其中，"Terrain（地形图层）"用于创建高程地图对象，"Texture（纹理图层）"用于配合地形图层创建背景底图，"Obstacle（障碍图层）"用于控制地形图层的可用区域（通常用高值表示）和禁止区域（通常用低值表示）。"Mapping（映射图层）"用于建立图像数据通道（如遥感影像的多光谱通道，彩色图像的 RGB 通道）与 CGA 规则属性之间的映射关系，并通过 "Inspector（检查器）"→"Rules（规则）"中的 "Connect Attribute（连接属性）"相关联。"Function（函数图层）"是自定义的用于控制 CGA 规则属性的任意数学函数。

在本节中，主要讲解地形图层、障碍图层和纹理图层的建立方法。

2.3.1　地形图层

在场景中新建地形图层主要有两种方法。第一种是图像拖曳法，即将 "Navigator（导航器）"→"images（图像）"文件夹中的地形图像直接向右拖曳到 "3D View（3D 视图）"或向下拖曳到当前场景中，此时会自动打开地形和纹理数据导入对话框，如图 2-8 所示。在该对话框中，选择 "Terrain Import（导入地形）"选项，然后单击 "Next（下一步）"按钮，打开 "Terrain（地形）"对话框，如图 2-10 所示。

第二种是新建地图图层法。使用鼠标左键单击主菜单的 "Layer（图层）"→"New Map Layer（新建地图图层）"按钮，打开 "New Map Layer（新建地图图层）"对话框，如图 2-9 所示。也可以使用鼠标右键单击场景管理器，在快捷菜单中选择 "New（新建）"→"New Map Layer（新建地图图层）"选项，打开 "New Map Layer（新建地图图层）"对话框。在该对话框中，选择"Terrain（地形）"选项，并为地形图层命名"myTerrain"，然后单击"Next（下一步）"按钮，打开"Terrain（地形）"对话框，如图 2-10 所示。

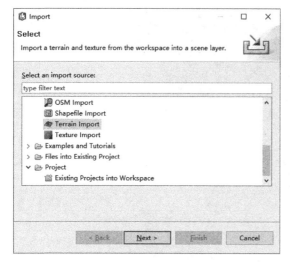

图 2-8　地形和纹理数据导入对话框

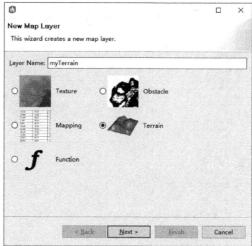

图 2-9　新建地图图层对话框

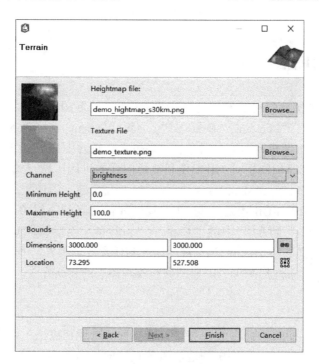

图 2-10　地形数据对话框

在"Terrain（地形）"对话框（图 2-10）中，使用鼠标左键单击"Browse（浏览）"按钮设置"Heightmap file（高程地图）"和"Texture file（纹理图像）"文件。在"Channel（通道）"下拉列表中选择"brightness（亮度）"，在"Minimum/Maximum Height（最小/最大高度）"输入框中设置最小/最大高程值，在"Bounds（边界）"中设置"Dimensions（尺寸）"和"Location（位置）"，然后单击"Finish（完成）"按钮，此时会在场景中添加地形图层，如图 2-11 所示。

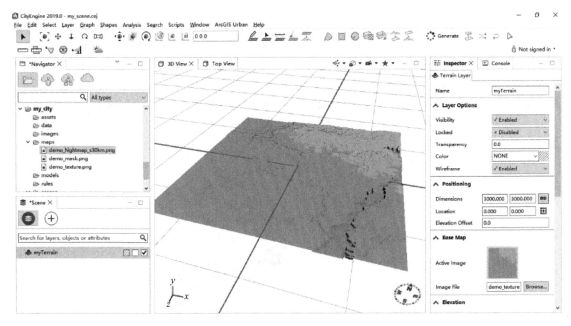

图 2-11　在场景中添加地形图层

提示　在上述新建地形图层操作中涉及的参数均可在"Inspector（检查器）"→"Terrain Layer（地形图层）"面板中进行再次修改，如图 2-11 右侧所示。

2.3.2　障碍图层

使用鼠标左键单击主菜单的"Layer（图层）"→"New Map Layer（新建地图图层）"按钮，打开"New Map Layer（新建地图图层）"对话框，如图 2-12 所示。也可以使用鼠标右键单击场景管理器，在快捷菜单中选择"New（新建）"→"New Map Layer（新建地图图层）"选项，打开"New Map Layer（新建地图图层）"对话框。在该对话框中，选择"Obstacle（障碍）"选项，并为障碍图层命名"myObstacle"，然后单击"Next（下一步）"按钮，打开"Obstacle（障碍）"对话框，如图 2-13 所示。

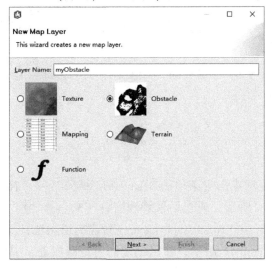

图 2-12　新建地图图层对话框

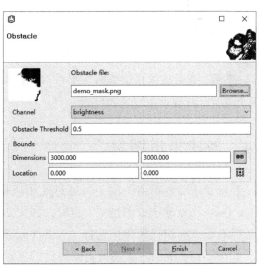

图 2-13　障碍数据对话框

在"Obstacle（障碍）"对话框（图 2-13）中，使用鼠标左键单击"Browse（浏览）"按钮，选择"Obstacle file（障碍文件）"。在"Channel（通道）"下拉列表中选择"brightness（亮度）"，在"Obstacle Threshold（障碍阈值）"输入框中设置相应阈值。低于该阈值将视为障碍区域。在"Bounds（边界）"中设置"Dimensions（尺寸）"和"Location（位置）"，然后单击"Finish（完成）"按钮，此时会在场景中添加障碍图层，如图 2-14 所示。

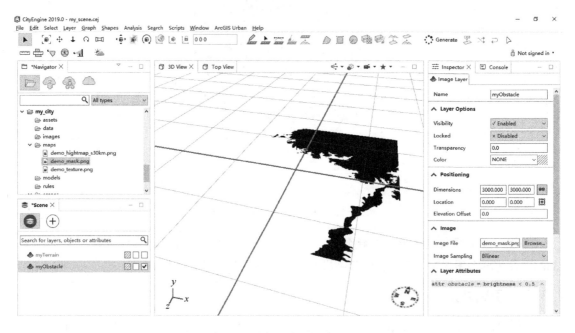

图 2-14　在场景中添加障碍图层

提示 在上述新建障碍图层操作中涉及的参数均可在"Inspector（检查器）"→"Image Layer（图像层）"面板中进行再次修改。

2.3.3　纹理图层

在场景中新建纹理图层也有两种方法，分别是图像拖曳法和新建地图图层法，具体操作过程和新建地形图层类似。

提示 在新建纹理图层操作中涉及的参数均可在"Inspector（检查器）"→"Image Layer（图像层）"面板中进行再次修改。

2.4　新建街道图层

在场景中新建街道图层，可通过使用鼠标左键单击主菜单的"Layer（图层）"→"New Graph Layer（新建街道图层）"实现，如图 2-15a 所示。或在场景管理器（*Scene）中，单击鼠标右键，在快捷菜单中选择"New（新建）"→"New Graph Layer（新建街道图层）"实现，如图 2-15b 所示。新建街道图层后的场景如图 2-16 所示，在已创建的街道图层上，应用手动街道建模工具可以绘制任意形状的街道。

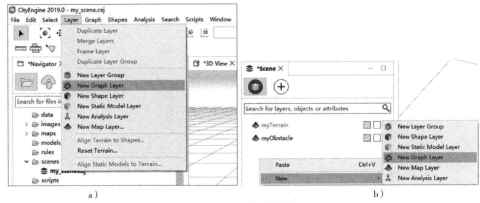

图 2-15　新建街道图层

a）使用 Layer 图层的下拉菜单　b）在场景中使用右键快捷菜单

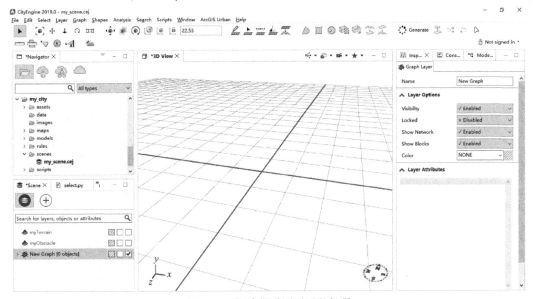

图 2-16　新建街道图层后的场景

2.5　街道网络及属性

CityEngine 中的街道网络支持自创建数据和导入数据，其中自创建数据可由街道建模工具自动或手动创建生成，导入数据是将其他软件的线型数据导入 CityEngine 中转换生成，支持常规的 ".shp"".osm" 和 ".dxf" 等数据格式。

无论是自创建数据还是导入数据，CityEngine 都会为每条创建的街道提供必要的属性，这些属性可通过 "Inspector（检查器）" 来查看。

2.5.1　街道网络的构成

使用街道建模工具生成的街道图层由 "Network（网络）" 和 "Blocks（块，也称街区）" 组成，其中 "Network（网络）" 包括 "Edge/Segment（边，也称路段）" 和 "Node（节点）"。无论是边、节点还是块，都由若干 "Shape（形状）" 组成，其层次结构如图 2-17 所示。

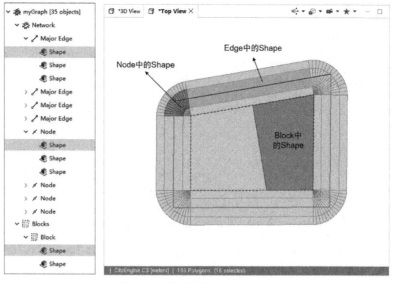

图 2-17 街道图层的层次结构

2.5.2 街道属性

完整的街道由"Shape（形状）""Block（街区）""Segment（路段）"和"Node（节点）"构成。因此当选择创建的街道全部要素后，会在"Inspector（检查器）"中查看到这四项属性，如图 2-18、图 2-19 所示，如果选择单个要素，只能查看到对应的单项属性。

在"Shape（形状）"属性中，提供了"Shape Parameters（形状参数）""Rules（规则）""Reports（报告）""Object Attributes（对象属性）""Vertices（顶点）"和"Information（信息）"等内容，如图 2-18a 所示。

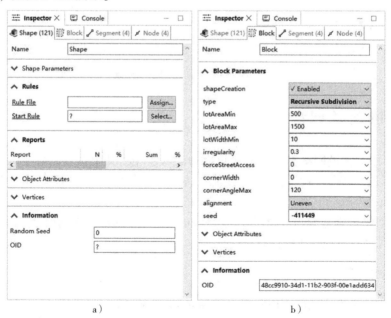

图 2-18 形状属性和街区属性

a）形状属性 b）街区属性

在 "Block（街区）" 属性中，提供了 "Block Parameters（块参数）" "Object Attributes（对象属性）" "Vertices（顶点）" 和 "Information（信息）" 等内容，如图 2-18b 所示。

在 "Segment（路段）" 属性中，提供了 "Street Parameters（街道参数）" "Object Attributes（对象属性）" "Vertices（顶点）" 和 "Information（信息）" 等内容，如图 2-19a 所示。

在 "Node（节点）" 属性中，提供了 "Intersection Parameters（交叉点参数）" "Object Attributes（对象属性）" "Vertices（顶点）" 和 "Information（信息）" 等内容，如图 2-19b 所示。

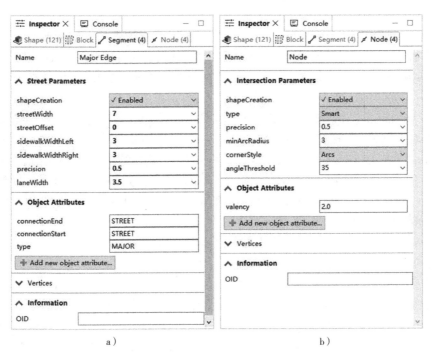

图 2-19　路段属性和节点属性

a）路段属性　b）节点属性

（1）形状属性

形状属性中的 "Shape Parameters（形状参数）" 可能包括 "Block（街区）" 属性中的 "Block Parameters（块参数）" "Segment（路段）" 属性中的 "Street Parameters（街道参数）" 和 "Node（节点）" 属性中的 "Intersection Parameters（交叉点参数）"，这取决于选择的街道要素。在形状参数中的块参数、街道参数和交叉点参数分别与对应属性中的对应参数一致。

"Rules（规则）" 用于为形状指定 CGA 规则文件和分配起始规则。

"Reports（报告）" 用于汇总 CGA 规则中使用 report（）操作指定的关键字值。

"Object Attributes（对象属性）" 显示街道要素具有的属性，允许使用 "Add new object attribute（添加新对象属性）" 按钮来添加新属性。在形状参数中的对象属性可能包括 "Block（街区）" 属性中的对象属性，"Segment（路段）" 属性中的对象属性，以及 "Node（节点）" 属性中的对象属性，这取决于选择的街道要素。

"Vertices（顶点）" 用于显示形状要素的顶点坐标 $(x \mid y \mid z)$。

"Information（信息）" 用于显示 "Random Seed（随机种子）" 值和对象唯一编号（OID）。

（2）街区属性

街区属性中的"Block Parameters（块参数）"包括生成地块的详细参数设置，用于随机创建街区。该内容会在本章的"2.6 随机街道建模"中详细描述。

"Object Attributes（对象属性）"显示块要素具有的属性，允许使用"Add new object attribute（添加新对象属性）"按钮来添加新属性。

"Vertices（顶点）"用于显示块要素的顶点坐标（x｜y｜z）。

"Information（信息）"用于显示对象编号（OID）。

（3）路段属性

路段属性中的"Block Parameters（块参数）"包括生成街道的详细参数设置，用于随机或手动创建街道中心线。该参数与主菜单的"Graph（图形）"→"Street Creation Settings（设置街道参数）"工具中的参数一致。有关内容会在本章的"2.7.6 设置街道参数"中详细描述。

"Object Attributes（对象属性）"显示边要素具有的属性，允许使用"Add new object attribute（添加新对象属性）"按钮来添加新属性。默认属性包括"connectionStart（链接开始）""connectionEnd（链接结束）"和"type（类型）"。链接开始和结束表示有关街道边的起点或终点的相邻几何提示，可取值包括：STREET、CROSSING、JUNCTION、JUNCTION_ENTRY、DEAD_END、FREEWAY、FREEWAY_ENTRY 和 ROUNDABOUT。类型表示街道的级别，可取值为：MAJOR 和 MINOR（主街道/次街道）

"Vertices（顶点）"用于显示边要素的顶点坐标（x｜y｜z）。

"Information（信息）"用于显示对象编号（OID）。

（4）节点属性

节点属性中的"Intersection Parameters（交叉点参数）"包括生成交叉点的详细参数设置，用于创建街道节点。该参数包括："shapeCreation（创建形状）""type（节点类型）""precision（精度）""minArcRadius（最小弧半径）""cornerStyle（拐角类型）"和"angleThreshold（角度阈值）"，具体功能描述见表2-1。

"Object Attributes（对象属性）"显示节点要素具有的属性，允许使用"Add new object attribute（添加新对象属性）"按钮来添加新属性。默认属性为"valency（价数）"，表示与街道节点相邻的路段数，如十字路口的价数为4。

"Vertices（顶点）"用于显示节点要素的顶点坐标（x｜y｜z）。

"Information（信息）"用于显示对象编号（OID）。

表2-1 节点属性交叉点参数功能描述

交叉点参数	功能描述				
shapeCreation（是否创建形状）	如果勾选，将根据图形节点创建形状				
type（类型）	Smart（智能）	Crossing（路口交叉处）	Junction（交叉接合处）	Freeway（快车道）	Roundabout（环岛）
precision（精度）	节点精度，取值为 [0, 1]				
minArcRadius（最小弧半径）	节点对应的最小弧半径，对于快速路或高速公路，应取较大值（>20）				

（续）

交叉点参数	功能描述		
cornerStyle（拐角类型）	节点处的拐角类型，可取值为：Arcs | Straight（弧段| 线段），设置为线段时，会简化街区的结构		
angleThreshod（角度阈值）	街道之间的最小夹角		
innerRadius（内圆）			内圆半径，如环岛的内圆
streetWidth（街宽）			回旋处车道宽度

2.6　随机街道建模

CityEngine 提供了随机街道建模工具，用于探索大规模场景中的城市布局。由于街道属于图数据，因此该工具被放置在主菜单的 "Graph（图形）" 中。

具体操作为先使用鼠标左键单击 "Top View（顶面视图）" 或 "3D View（3D 视图）"，使其成为活动窗口。然后在主菜单上单击 "Graph（图形）" → "Grow Streets（生成街道）"，打开 "Grow Streets（生成街道）" 对话框，如图 2-20 所示，设置相应参数，最后单击 "Apply（应用）" 按钮。此时会在场景管理器中添加创建好的街道图层，如图 2-21 所示。

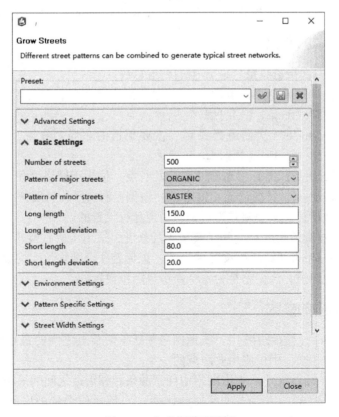

图 2-20　生成街道对话框

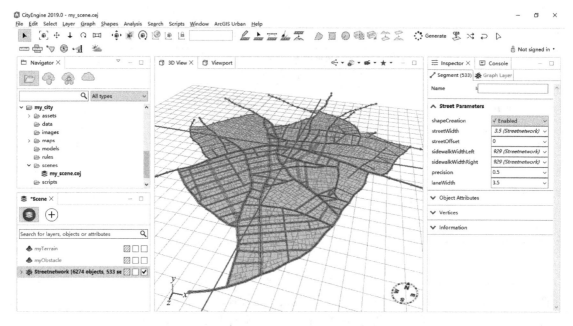

图 2-21　使用生成街道工具创建的街道图层

　　生成街道对话框（图 2-20）中的参数说明：该对话框从上到下，依次包括："Basic Settings（基础设置）""Advanced Settings（高级设置）""Environment Settings（环境设置）""Pattern Specific Settings（特定模式设置）""Street Width Settings（街道宽度设置）"。

2.6.1　基础设置中的参数

　　"Number of streets（街道数量）"：产生的街道总数。

　　"Pattern of major streets（主街道模式）"：主要街道的布局，分为"Organic（有机型）""Raster（栅格型）"和"Radial（辐射型）"三种。

　　"Pattern of minor streets（次街道模式）"：次要街道的布局，分为"Organic（有机型）""Raster（栅格型）"和"Radial（辐射型）"三种。

　　"Long length（长街道长度）"：长街道的平均长度，适用于栅格型和辐射型街道。

　　"Long length deviation（长街道长度偏差）"：该偏差联合平均长度构成了长街道长度的取值区间。对于有机型街道，该偏差是为每个新街道随机设置的。

　　"Short length（短街道长度）"：短街道的平均长度，适用于所有模式。

　　"Short length deviation（短街道长度偏差）"：该偏差联合平均长度构成了短街道长度的取值区间。对于有机型街道，该偏差是为每个新街道随机设置的。

2.6.2　高级设置中的参数

　　"Snapping distance（捕捉距离）"：街道网络中任意两节点之间的最小距离。如果是一条主街道与一条次街道相交，则仅应用此距离的一半。

　　"Minimal angle（最小角）"：街道网络中任意两条相邻街道之间的最小角度。

　　"Street to crossing ratio（街道与交叉口的比率）"：该比值会影响区间的平均大小。若该比值较大，则区间较大，反之则较小，默认取值为 2。

　　"Development center preference（开发中心偏好）"：距离所有选定节点的质心的街道节点

的开发强度。若该值较大，则距离质心越近的道路节点越有可能被开发，反之，则所有节点被同等开发。

"Angle offset of major streets（主街道的角度偏移）"：主要街道的角度偏移量。

"Angle offset of minor streets（次街道的角度偏移）"：次要街道的角度偏移量。

2.6.3　环境设置中的参数

"Adapt to Elevation（适应高程）"：启用或禁用适应高程数据。

"Critical Slope（临界坡度）"：仅修改坡度大于临界值的街道。

"Maximal Slope（最大坡度）"：生成街道的最大坡度阈值。

"Adaption Angle（适配角）"：对街道的最大角度绕 y 轴旋转进行调整。

"Heightmap（高程图）"：如果选择了高程图，则街道将与高程图对齐，模型效果如图 2-22 所示。

图 2-22　街道随高程地图起伏

"Obstaclemap（障碍图）"：如果选择了障碍图，则街道节点将避开障碍区。

2.6.4　特定模式设置中的参数

"Max. Bend Angle（Organic）（有机型街道最大弯曲角）"：有机型街道的最大弯曲角度。

"City Center x/z（Radial）（辐射型街道城中心）"：设置辐射型街道的城中心坐标（x, z）。

"Max. Bend Angle（Radial）（辐射型街道最大弯曲角）"：辐射型街道的最大弯曲角度。

"Street Alignment（Radial）（辐射型街道对齐方式）"：辐射型街道的对齐方式，分为 "radial（辐射方式）" "random（随机方式）" 和 "centripetal（向心方式）"。

2.6.5　街道宽度设置中的参数

"Calculate width using street integration（使用街道积分计算宽度）"：使用图形拓扑来计算街道宽度（较慢），否则使用随机分布来设置街道宽度（更快）。

"Minimum number of street lanes（最少车道数）"：每条街道拥有的最少机动车道数。

"Maximum number of street lanes（最多车道数）"：每条街道拥有的最多机动车道数。

"Minimum sidewalk width（最小人行道宽度）"：每条街道人行道的最小宽度。

"Maximum sidewalk width（最大人行道宽度）"：每条街道人行道的最大宽度。

"Width of Major Streets（主街道宽度）"：主要街道的平均宽度。

"Width Deviation of Major Streets（主街道的宽度偏差）"：主要街道的街道宽度偏差。

"Sidewalk Width of Major Streets（主街道的人行道宽度）"：主要街道的平均人行道宽度。

"Sidewalk Width Deviation of Major Streets（主街道的人行道宽度偏差）"：主要街道的人行道宽度偏差。

"Width of Minor Streets（次街道的宽度）"：次要街道的平均宽度。

"Width Deviation of Minor Streets（次街道的宽度偏差）"：次要街道的宽度偏差。

"Sidewalk Width of Minor Streets（次街道的人行道宽度）"：次街道的平均人行道宽度。

"Sidewalk Width Deviation of Minor Streets（次街道的人行道宽度偏差)"：次要街道的人行道宽度偏差。

2.7　手动街道建模

CityEngine 中的手动街道建模工具全部集成在主菜单的"Graph（图形)"中，主要包括"Freehand Street Creation（创建手绘街道)""Polygonal Street Creation（创建多边形街道)""Edit Streets/Curves（编辑街道/曲线)""Cleanup Streets/Graph（清理街道/图形)""Align Streets/Graph to Terrain（对齐街道/图形到地形)""Street Creation Settings（设置街道参数)""Set Curves Straight（设置曲线硬直)""Set Curves Smooth（设置曲线平滑)""Curves Auto Smooth（曲线自动平滑)""Generate Bridges（生成桥梁)""Simplify Graph（简化图形)""Fit Widths to Shapes（调整街宽到形状)""Convert to Static Shapes（转换为静态形状)"等操作。这些操作在主菜单"Graph（图形)"中的位置如图 2-23 所示。

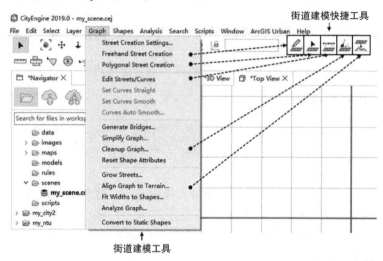

图 2-23　手动街道建模工具在主菜单中的位置

其中创建手绘街道、创建多边形街道、编辑街道、清理街道及对齐街道到地形等常用工具被集成到工具条上，其位置如图 2-24 所示。熟练应用这些工具可以快速创建真实、复杂的街道模型。

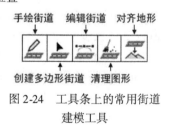

图 2-24　工具条上的常用街道建模工具

2.7.1　创建手绘街道

使用创建手绘街道工具可以徒手绘制任意形状的街道。具体操作如下：首先使用鼠标左键单击 * Scene 场景中的街道图层 ，然后再用鼠标左键单击工具条上的"Freehand Street Creation（创建手绘街道)"工具 ，或单击主菜单的"Graph（图形)"→"Freehand Street Creation（创建手绘街道)"工具在"Top View（顶面视图)"或"3D View（3D 视图)"中进行绘制。如需停止绘制，可在视图中双击鼠标左键，或按 ESC｜Enter 键结束。最终绘制效果如图 2-25 所示。

2.7.2　创建多边形街道

　　使用创建多边形街道工具可通过绘制折线的方式创建任意形状的街道。具体操作如下：首先使用鼠标左键单击 ＊Scene 场景中的街道图层 ，然后再用鼠标左键单击工具条上的"Polygonal Street Creation（创建多边形街道）"工具 ，或单击主菜单的"Graph（图形）"→"Polygonal Street Creation（创建多边形街道）"工具在"Top View（顶面视图）"或"3D View（3D 视图）"中进行绘制。如需停止绘制，可在视图中双击鼠标左键，或按 ESC | Enter 键结束。最终绘制效果如图 2-26 所示。

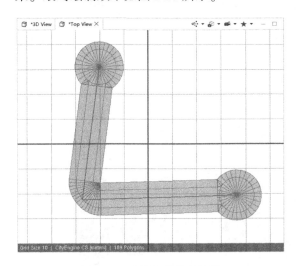

图 2-25　手绘街道绘制效果　　　　　　图 2-26　多边形街道绘制效果

2.7.3　编辑街道

　　使用编辑街道工具可对已创建的街道进行编辑修改。具体操作如下：首先使用鼠标左键单击 ＊Scene 场景中的街道图层 ，然后再用鼠标左键单击工具条上的"Edit Streets/Curves（编辑街道/曲线）"工具 ，或单击主菜单的"Graph（图形）"→"Edit Streets/Curves（编辑街道/曲线）"工具，最后在"Top View（顶面视图）"或"3D View（3D 视图）"中使用鼠标左键单击要编辑的街道要素，根据显示的手柄进行修改即可。

　　编辑街道工具可对街道的节点和宽度进行编辑，并显示两种手柄：曲线手柄和街道宽度手柄。选择单个节点时，仅显示曲线手柄（图 2-27a）。选择单个街道时，将显示曲线和街道宽度的组合手柄（图 2-27b）。选择多个街道时，仅显示街道宽度手柄（图 2-27c）。通过调节手柄位置可更改街道形状（图 2-27d）。

2.7.4　清理街道/图形

　　导入、合并或手绘的街道图形可能包含重复或相邻的节点及线段，也可能包含相交的线段，但没有相交的节点。当创建街区形状或提取地块时，这种不纯净的街道图形可能会引发许多问题。使用清理街道/图形工具可以合并图形节点及线段，并在相交的线段上创建交叉点，以此清除道路冲突。具体操作如下：

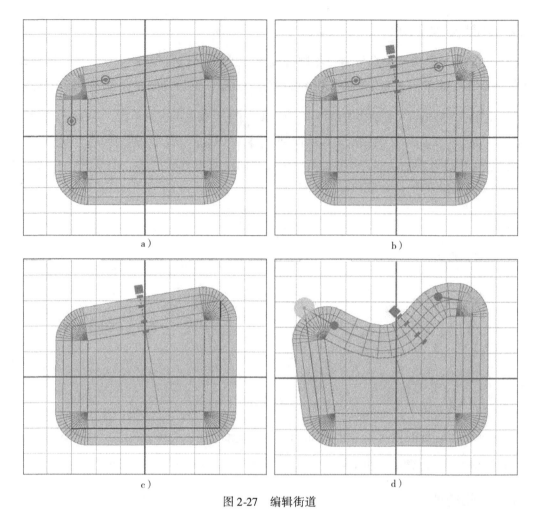

图 2-27 编辑街道

a) 仅显示曲线手柄　b) 显示组合手柄　c) 显示街道宽度手柄　d) 更改街道形状

首先使用鼠标左键选择要清理的街道，然后再用鼠标左键单击工具条上的"Cleanup streets（清理街道）"工具，或单击主菜单的"Graph（图形）"→"Cleanup Graph（清理图形）"工具，打开"Cleanup Graph（清理图形）"对话框，如图 2-28 所示，设置完相应参数后，最后单击"Finish（完成）"按钮。

清理图形对话框（图 2-28）中的参数说明。该对话框从上到下，依次包括：

"Intersect Segments（交叉线段）"：如果勾选，将创建相交线段的缺失

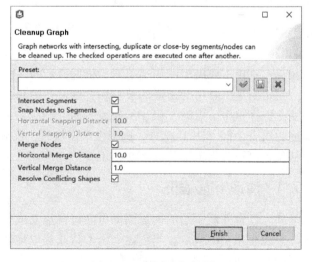

图 2-28 清理图形对话框

节点。

"Snap Nodes to Segments（捕捉节点到线段）"：如果勾选，节点将捕捉到线段。

"Horizontal Snapping Distance（水平捕捉距离）"：节点与目标线段之间的最大水平距离。

"Vertical Snapping Distance（垂直捕捉距离）"：节点和目标线段之间的最大垂直距离。

"Merge Nodes（合并节点）"：如果勾选，相邻的节点将被合并。街道宽度较小的节点始终合并为街道宽度较大的节点。节点街道宽度定义为相邻路段的最大街道宽度。

"Horizontal Merge Distance（水平合并距离）"：在水平方向上的节点合并最大距离。小于该距离的节点将被合并。

"Vertical Merge Distance（垂直合并距离）"：在垂直方向上的节点合并最大距离。小于该距离的节点将被合并。

"Resolve Conflicting Shapes（处理冲突的形状）"：如果勾选，街道形状中有冲突的路段将被重复处理，直到冲突结束。

2.7.5　对齐街道/图形到地形

对齐街道/图形到地形工具用于将图形要素与地形相贴合。它可以将已创建的街道与任意地形（定义了"高程"属性的地图图层）或世界坐标系下竖轴为 $y=0$ 的平面相对齐。具体操作如下：

首先使用鼠标左键选择要与地形相对齐的街道，然后再用鼠标左键单击工具条上的"Align streets to terrain（对齐街道到地形）"工具 ，或单击主菜单的"Graph（图形）"→"Align Graph to Terrain（对齐图形到地形）"工具，打开"Align Graph to Terrain（对齐图形到地形）"对话框，如图 2-29 所示，设置完相应参数后，最后单击"Finish（完成）"按钮。街道对齐地形后的结果如图 2-30 所示，可以看出街道随地形的变化呈现出高低起伏状态。

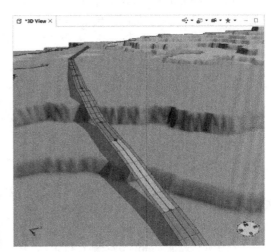

图 2-29　对齐图形到地形对话框　　　　　图 2-30　街道随地形起伏效果

对齐图形到地形对话框（图 2-29）中的参数说明。该对话框从上到下，依次包括：

"Align function（对齐函数）"：选择相应的对齐函数。

"Heightmap（高程图）"：选择对齐街道的地形数据。该选项会列出全部具有"高程"属性的地图图层以及世界坐标系下竖轴为 $y=0$ 的平面。

"Offset（偏移量）"：作用于街道顶点的 y 坐标的偏移量。

其中，对齐函数包括：

"Project All（全部投影）"：将所有街道顶点全部投影到地形上。

"Project Below（投影下方）"：仅投影位于地形下方的街道顶点。

2.7.6　设置街道参数

设置街道参数工具用于更改创建街道的默认参数，这些设置包括街道宽度、街区细分类型、是否使用图形自动清除、与地形对齐等。需要注意的是这些设置是为每个场景单独存储的，在新建其他场景后，该设置将不再起作用。具体操作如下：

使用鼠标左键单击主菜单"Graph（图形）"→"Street Creation Settings（设置街道参数）"工具，打开"Street Creation Settings（街道创建设置）"对话框，如图 2-31 所示，设置完相应参数后，单击"Close（关闭）"按钮。

街道创建设置（图 2-31）对话框中的参数说明。该对话框从上到下，主要包括："General（常规项）""Street Parameters（街道参数项）""Block Generation（街区生成项）""Rule-based Model Generation（基于 CGA 规则生成模型）"。

（1）常规项中的参数

"Re-use settings from neighbors（重复使用邻域设置）"：如果勾选，则从相邻街道复制相应参数。如果对现有街道进行了扩展，通常会使用该选项复制现有街道的参数设置，以保持街道的一致性。

"Apply graph cleanup（应用图形清理）"：如果勾选，则每次编辑后都会执行清理图形操作。

"Align terrain（对齐地形）"：如果勾选，则地形图层将自动与新建街道相对齐。

（2）街道参数项中的参数

"Street width（街道宽度）"：街道的宽度，如图 2-32 所示。

"Street center offset（街道中心线偏移量）"：与街道中心线的偏移量，偏移方向垂直于街道方向。

"Left sidewalk width（左侧人行道宽度）"：左侧人行道的宽度，如图 2-32 所示。

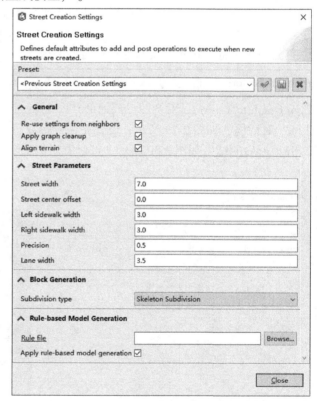

图 2-31　街道创建设置对话框

"Right sidewalk width（右侧人行道宽度）"：右侧人行道的宽度，如图 2-32 所示。

"precision（精度）"：创建形状的精度。

"Lane width（机动车道宽度）"：机动车道的近似宽度，如图 2-32 所示。

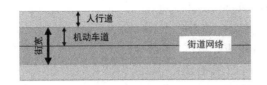

图 2-32　街道的基本组成

（3）街区生成项中的参数

"Subdivision type（街区细分类型）"：选择随机创建街区的方式，包括"Recursive Subdivision（递归细分）""Offset Subdivision（偏移细分）""Skeleton Subdivision（骨架线细分）"和"No Subdivision（无细分）"。

（4）基于 CGA 规则生成模型中的参数

"Rule file（规则文件）"：为街道分配 CGA 规则文件。

"Apply rule-based model generation（应用基于规则生成模型）"：如果勾选，街道将根据 CGA 规则生成相应模型，通常利用 CGA 规则为街道进行贴图。

2.7.7　设置曲线硬直和平滑

设置曲线硬直和平滑工具用于更改街道的绘制模式。曲线硬直工具会使创建的弯曲街道保持折线状态，符合一般化街道，为默认值。对于有特殊要求的弯曲街道，可使用曲线平滑工具，以使创建的街道具有弧度。具体操作为：首先使用鼠标左键选中已绘制的道路中心线，然后再用鼠标左键单击主菜单的"Graph（图形）"→"Set Curves Straight（设置曲线硬直）"或"Set Curves Smooth（设置曲线平滑）"工具即可。两种模式绘制的街道效果如图 2-33 所示，其中图 2-33a 表示设置曲线硬直模式，图 2-33b 表示设置曲线平滑模式。

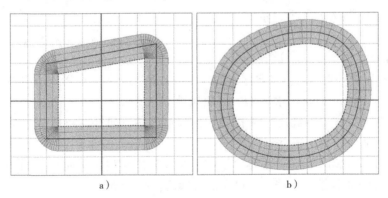

a）　　　　　　　　　　　　　b）

图 2-33　两种模式绘制的街道效果

a）曲线硬直模式　b）曲线平滑模式

2.7.8　曲线自动平滑

在绘制街道时，如果想在曲线硬直和曲线平滑两种模式之间自动选择，可以使用曲线自动平滑工具。具体操作为：首先使用鼠标左键选中已绘制的道路中心线，然后再用鼠标左键单击主菜单的"Graph（图形）"→"Curves Auto Smooth（曲线自动平滑）"工具，打开"Curves Auto Smooth（曲线自动平滑）"对话框，如图 2-34 所示。在该对话框中，需要设置两个参数，分别为"Threshold angle（角度阈值）"和"Horizontal optimize（水平优化）"。前者指确定曲线平滑的最小角度。后者会将斜坡前面的街道设置为硬直，以防止发生震荡。

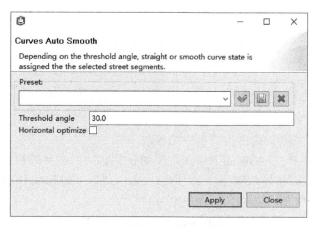

图 2-34　曲线自动平滑对话框

2.7.9　生成桥梁

在街道建模中，有时两条街道会存在"伪相交"，即两条街道在平面上是相交的，但在立面上由于存在高程差因此是不相交的，比如一条东西走向的高速路在立面空间上穿越一条南北走向的普通街道。在处理该类数据时，使用生成桥梁工具可以快速实现街道的垂直分层。具体操作为：使用鼠标左键单击主菜单的"Graph（图形）"→"Generate Bridges（生成桥梁）"，打开"Generate Bridges（生成桥梁）"对话框，如图 2-35 所示，设置完相应参数后，单击"Apply（应用）"按钮。

生成桥梁对话框（图 2-35）中的参数说明。该对话框从上到下，依次包括：

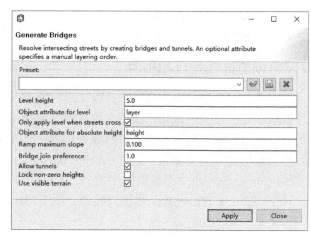

图 2-35　生成桥梁对话框

"Level height（水平面高度）"：在交叉路口之间设置的垂直距离，需要注意的是"斜坡最大斜率"会影响所得节点的高程。

"Object attribute for level（水平面的对象属性）"：根据街道的特定对象属性来计算高度值。高度值设置为"水平面高度"乘以指定的属性名称。属性既可以来自导入的数据，也可以手动分配，从而控制街道垂直分层。

"Only apply level when streets cross（仅当街道交叉时使用水平面）"：有时导入的地理信息系统数据（如 OSM 数据）可能包含错误的属性值，这会导致创建错误的垂直街道分层。如果勾选该项，可激活区域中的垂直对齐方式，尽可能避免街道分层错误。

"Object attribute for absolute height（用于绝对高程的对象属性）"：如果创建的街道对象具有高程属性，可将该属性指定为绝对高度值。当使用绝对高程的对象属性时，将忽略水平面高度。

"Ramp maximum slope（斜坡最大斜率）"：斜坡的最大斜率，指每水平单位的垂直爬升量。

"Bridge join preference（桥接首选项）"：如果一条街道连续包含多个桥梁，可根据此值将它们连接在一起。低值表示不可能加入，高值意味着总是加入。

"Lock non-zero heights（锁定非零位置节点的高度）"：锁定非零位置节点的高度，禁止修改。

"Allow tunnels（允许隧道）"：允许出现隧道，即低于水平面的街道。

"Use visible terrain（使用可见地形）"：使用可见的地形数据，将街道所有高度视为相对于地形的高度（如果有）。勾选该项会导致桥梁跟随地形变化。

【例 2-1】 生成桥梁示例。

1）首先使用鼠标左键单击 ＊Scene 场景中的街道图层 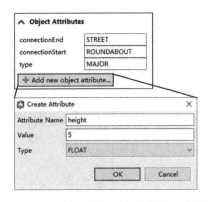，然后再用鼠标左键单击工具条上的"Polygonal Street Creation（创建多边形街道）"工具 ，在"Top View（顶面视图）"中绘制如图 2-36 所示街道。

2）使用鼠标左键选中已绘制的街道主边（Major Edge），在"Inspector（检查器）"的"Segment（路段）"属性中，展开"Object Attributes（对象属性）"面板，单击"Add new object attribute（添加新对象属性）"按钮，如图 2-37 所示。

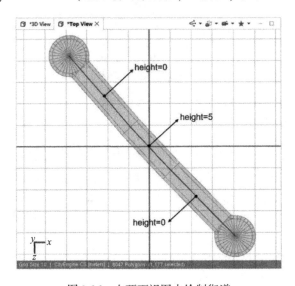

图 2-36　在顶面视图中绘制街道

图 2-37　在对象属性对话框中添加高度属性

在"Attribute Name（属性名）"中添加 height，在"Value（字段值）"中添加 5，在"type（类型）"中选择 Float。依次为其他街道主边添加 height 字段，并赋值为 0。

3）使用鼠标左键单击主菜单的"Graph（图形）"→"Generate Bridges（生成桥梁）"工具，打开生成桥梁对话框，并设置相应参数如图 2-38 所示，单击"Apply（应用）"按钮。在"3D View（3D 视图）"中可以看到中间高为 5m 的路段已变成了桥梁，如图 2-39 所示。

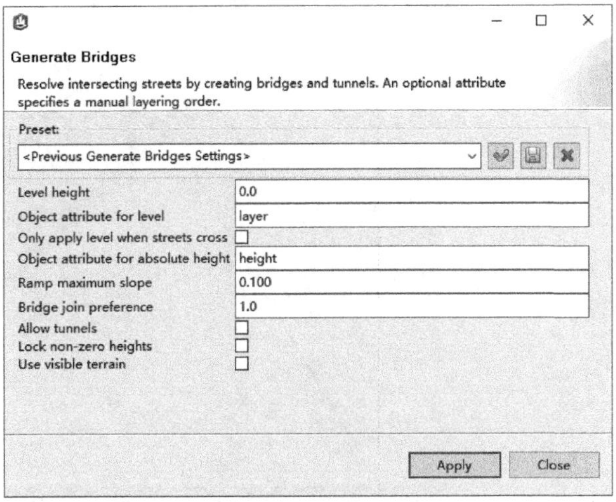

图 2-38　在生成桥梁对话框中设置参数

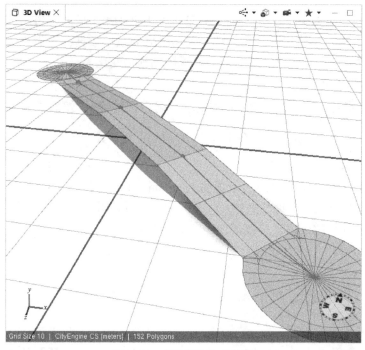

图 2-39 中间路段生成桥梁

4）使用鼠标左键单击"Polygonal Street Creation（创建多边形街道）"工具 ，在"Top View（顶面视图）"中绘制一条与上一街道相交的街道并双击鼠标左键结束。切换到"3D View（3D 视图）"中，可以看到两条街道实现了垂直分层关系，如图 2-40 所示。

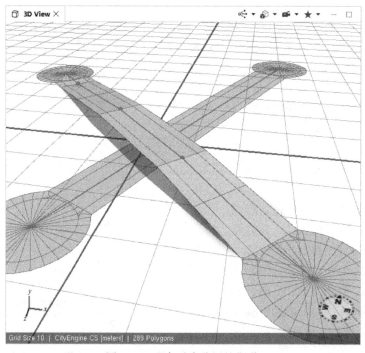

图 2-40 两条垂直分层的街道

2.7.10　简化图形

在街道建模中，街道图形在弯曲街道上可能包含许多连续的、短小的、直线街道，使用简化图形工具可将其简化为较长的弯曲街道。具体操作为：首先使用鼠标左键选中已绘制的道路边，然后使用鼠标左键单击主菜单的"Graph（图形）"→"Simplify Graph（简化图形）"工具，打开"Simplify Graph（简化图形）"对话框，如图2-41所示。在该对话框中，需要设置的参数为"Threshold Angle（角度阈值）"，当街道角度大于该阈值时，街道会在拟合曲线之间形成边界。设置完参数后，单击"Apply（应用）"按钮，最终简化图形后的街道如图2-42所示。

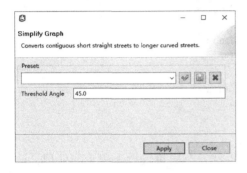

图2-41　简化图形对话框

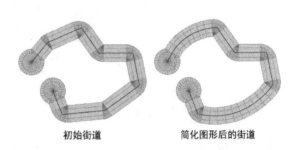

初始街道　　　　　简化图形后的街道

图2-42　初始街道与简化图形后的街道

2.7.11　调整街宽到形状

通常，具有街道中心线的数据集没有宽度属性。使用调整街宽到形状工具可以对街道进行轻松调整，使其宽度能自动适应两边的形状边界。具体操作为：首先使用鼠标左键选中街道要素，然后再使用鼠标左键单击主菜单的"Graph（图形）"→"Fit Widths to Shapes（调整街宽到形状）"工具，打开"Fit Widths to Shapes（调整街宽到形状）"对话框，如图2-43所示，设置完相应参数后，单击"Apply（应用）"按钮。

调整街宽到形状对话框（图2-43）中的参数说明。该对话框从上到下，依次包括：

"Max Street Width（最大街宽）"：适合街道的最大宽度，当计算的街宽大于此值时，街道将保持不变。

"Min Street Width（最小街宽）"：适合街道的最小宽度，当计算的街宽小于此值时，街道将保持不变。

"Sidewalk Scale（人行道缩放）"：人行道宽度是否缩放，可取值为：Do Not Change | Scale Proportionately（不变 | 按比例缩放）。

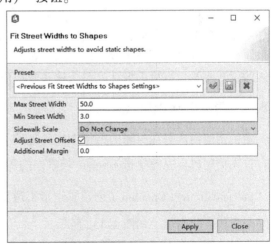

图2-43　调整街宽到形状对话框

"Adjust Street Offsets（调整街道偏移量）"：是否调整街道偏移量以更好地适合地块形状。

"Additional Margin（附加边距）"：附加街道和静态形状之间的边距。

调整街宽后的街道如图 2-44 所示。

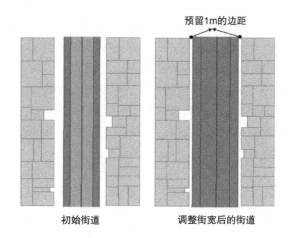

初始街道　　　　　　　　调整街宽后的街道

图 2-44　调整街宽后的街道

2.7.12　转换为静态形状

在街道建模中，有时需要将动态街道转换为静态形状，然后再进行下一步的处理，这时需要使用转换为静态形状工具。具体操作为：首先使用鼠标左键选择街道要素，然后再使用鼠标左键单击主菜单的"Graph（图形）"→"Convert to Static Shapes（转换为静态形状）"工具即可。

注意 使用该工具将动态街道转换为静态形状之后，其图层将由图形图层转换为形状图层（ → ），所有有关街道的建模工具将不再作用于转换后的形状。

2.8　创建街区

与创建街道方式类似，创建街区既可以使用随机方式，也可以采用手动方式。随机方式是采用一系列的算法模拟生成街区地块，在进行城市规划设计时，使用该方式可快速生成规划区的背景要素，以帮助设计人员快速实现城市设计原型。

2.8.1　随机创建街区

随机创建街区是在封闭的街道围成的地块上采用计算机算法模拟生成小图斑。具体操作为：首先使用鼠标左键单击 *Scene 场景中的街道图层 ，然后再用鼠标左键单击工具条上的"Polygonal Street Creation（创建多边形街道）"工具 ，在"Top View（顶面视图）"中绘制四条相连的街道，如图 2-45a 所示。

此时，使用鼠标左键选择已绘制的街道，在"Inspector（检查器）"中单击"Block（块）"属性，显示"Block Parameters（块参数）"对话框，如图 2-45b 所示，在"shapeCreation（创建形状）"下拉列表中选择"Enabled（启用）"，在"type（类型）"下拉列表中选择"Recursive Subdivision（递归细分）"，其他参数采用默认值，此时会生成随机街区，如

图 2-45c 所示。选择不同的细分类型会产生不同的随机街区，如图 2-46 所示。

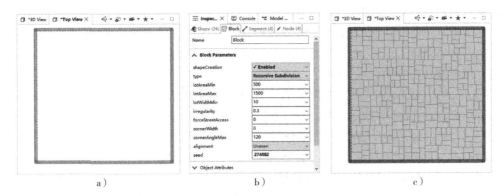

图 2-45　随机创建街区

a）绘制街道　b）在块参数对话框中设置参数　c）生成随机街区

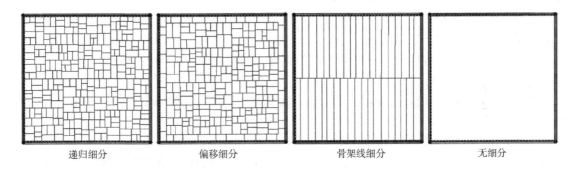

递归细分　　　　　　偏移细分　　　　　　骨架线细分　　　　　　无细分

图 2-46　不同的细分类型生成的街区对比

块参数对话框中的参数说明。该对话框从上到下，包含的通用性参数为：

"shapeCreation（创建形状）"：是否从街道网络随机创建地块。

"type（类型）"：街区细分类型，包括"Recursive Subdivision（递归细分）""Offset Subdivision（偏移细分）""Skeleton Subdivision（骨架线细分）"和"No Subdivision（无细分）"等类型。基于这四种细分类型生成的随机街区区别如图 2-46 所示。

"alignment（对齐方式）"：用于控制地块对齐地形，且当初始形状的高程不均匀时才使用。包含四种高程对齐方式："Uneven（不均匀的）""Even at minimum（最小值的）""Even at maximum（最大值的）"和"Even at average（平均值的）"。

"seed（种子）"：用于控制随机性的整数。

（1）递归型细分参数

"lotAreaMin（最小地块面积）"：细分后获得的地块面积最小值。

"lotAreaMax（最大地块面积）"：细分后获得的地块面积最大值。

"lotWidthMin（最小地块宽度）"：地块边的最小宽度。如果该值很高，则产生的地块面积可能会超过最大地块面积。如果该值较小，则可能会创建较多的窄小地块。

"irregularity（不规则度）"：分割线的不规则度，取值为 [0，1]。值越大，分割线距中心点就越远，生成的地块就越不规则。

"forceStreetAccess（与街道的连通性）"：地块与街道的连通性，取值为 [0，1]。值越大，会有越多的地块和街道相连通。

"cornerWidth（拐角宽度）"：拐角内侧的宽度。当取值为 0 时不创建任何拐角。该值的最大值由算法自动计算，以避免产生自相交。

"cornerAngleMax（最大拐角）"：拐角角度阈值。当取值为 0 时不创建任何拐角。较大的值会创建更多的拐角。

（2）偏移型细分参数

"offset width（偏移宽度）"：使用偏移细分时创建的地块深度。

"subdivisionRecursive（细分递归）"：是否使用递归细分。

"lotAreaMin（最小地块面积）"：细分后获得的地块面积最小值。

"lotAreaMax（最大地块面积）"：细分后获得的地块面积最大值。

"lotWidthMin（最小地块宽度）"：地块边的最小宽度。如果该值很高，则产生的地块面积可能会超过最大地块面积。如果该值较小，则可能会创建较多的窄小地块。

"irregularity（不规则度）"：分割线的不规则度，取值为 [0，1]。值越大，分割线距中心点就越远，生成的地块就越不规则。

"forceStreetAccess（与街道的连通性）"：地块与街道的连通性，取值为 [0，1]。值越大，会有越多的地块和街道相连通。

"cornerWidth（拐角宽度）"：拐角内侧的宽度。当取值为 0 时不创建任何拐角。该值的最大值由算法自动计算，以避免产生自相交。

"cornerAngleMax（最大拐角）"：拐角角度阈值。当取值为 0 时不创建任何拐角。较大的值会创建更多的拐角。

（3）骨架线型细分参数

"lotWidthMin（最小地块宽度）"：地块边的最小宽度。如果该值很高，则产生的地块面积可能会超过最大地块面积。如果该值较小，则可能会创建较多的窄小地块。

"simplify（简化度）"：简化地块数量的程度，取值为 [0，1]。较高的值会创建具有较少顶点的不规则地块。

"cornerAlignment（拐角对齐方式）"：在两条街道的拐角处，通过选择拐角对齐方式来确定地块形状，可取值为："Street length | width（街道长度 | 宽度）"。

"lotAreaMin（最小地块面积）"：细分后获得的地块面积最小值。

"irregularity（不规则度）"：分割线的不规则度，取值为 [0，1]。值越大，分割线距中心点就越远，生成的地块就越不规则。

"shallowLotFrac（合并三角形地块的限度）"：合并三角形地块的限制因子。取值越大，合并三角形地块越剧烈。

2.8.2　手动创建街区

手动创建街区主要使用主菜单的"Shape（形状）"中的相关工具来绘制街区地块的边界，该过程也可以使用地理信息系统软件，如 ArcGIS、MapGIS 或 QGIS 等间接完成，或者使用计算机辅助设计软件，如 AutoCAD、中望 CAD 等软件进行绘制。

基于已绘制的地块边界，可以使用手动三维建模或 CGA 规则建模，其中手动三维建模中的相关操作将在本书第 3 章中进行详细讲解，CGA 规则建模中的相关操作将在本书第 4 章至第 10 章中做详细说明。

第 3 章　手动三维建模

内容导读

　　本章依次讲解了形状建模工具、形状变换工具和形状测量工具，最后通过楼梯建模实例来加深对手动三维建模工具的理解和认识。

3.1　预备知识

3.1.1　新建项目及场景

　　本节新建项目及场景的过程与第 2 章街道建模中的"2.1 新建项目"及"2.2 新建场景"的过程相同，请读者查看相应内容。需要注意的是，在建模中如果使用地图相关数据，还应准备地形数据、障碍数据和纹理数据。

3.1.2　新建形状及街道图层

　　由于手动三维建模是针对形状（Shape）进行操作，因此需要在场景中新建形状或街道图层。首先使用鼠标左键双击已创建的场景文件，打开场景器"∗Scene"及"3D View（3D 视图）"窗口。然后在场景器中，单击鼠标右键，在弹出的快捷菜单中选择"New（新建）"→"New Shape/Graph Layer（新建形状/图形图层）"操作，并为之命名，如图 3-1 所示。也可以在主菜单上单击"Layer（图层）"→"New Shape/Graph Layer（新建形状/图形图层）"按钮，新建形状及街道图层，如图 3-2 所示。

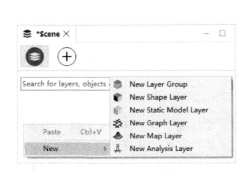

图 3-1　在场景中使用右键快捷菜单

图 3-2　使用 Layer 图层的下拉菜单

　　新建后的空白形状及街道图层如图 3-3 所示。

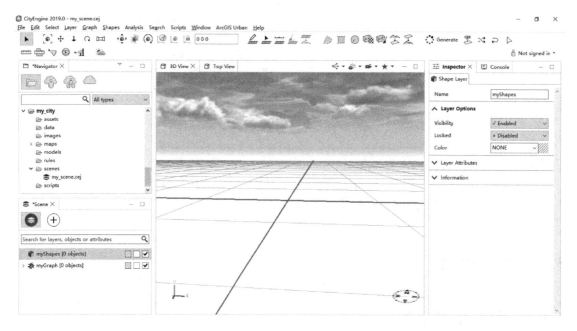

图 3-3　新建空白形状及街道图层后的场景

🔊 注意　在本章中，所有操作均在形状图层上完成，除非特别指明是街道图层。在实际建模中，由于街道图层也包含形状要素，比如"Block（街区）"的主要作用就是构建建筑体模型，因此，本章的所有操作也适用于街道图层的形状要素。

3.2　手动建模工具

CityEngine 的工具条提供了简单实用的手动三维建模工具，包括变换工具、数值输入框、街道建模工具、形状建模工具和测量工具。其中变换工具用于对形状进行平移、缩放和旋转处理，数值输入框用于辅助精确建模，街道建模工具用于手动绘制及编辑街道，形状建模工具用于手动创建和编辑三维模型，测量工具用于测量形状的尺寸和面积。这些工具在工具条上的位置如图 3-4 所示。

图 3-4　工具条上的常用手动建模工具

另外，CityEngine 的主菜单提供了更为丰富的手动建模工具。其中"Edit（编辑）"菜单提供了变换工具和测量工具，"Graph（图形）"菜单提供了街道建模工具，"Shapes（形状）"菜单提供了形状建模工具。这些菜单提供的详细建模工具如图 3-5 所示。熟练应用这些工具可以创建复杂的城市三维模型。

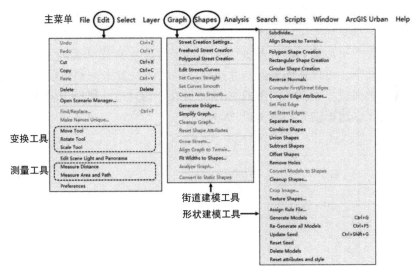

图 3-5　主菜单中的手动建模工具

3.3　形状建模工具

形状建模工具位于主菜单的"Shapes（形状）"中，主要包括："Polygon Shape Creation（创建多边形形状）""Rectangular shape creation（创建矩形形状）""Circular shape creation（创建圆形形状）""Texture Shapes（形状贴图）""Cleanup Shapes（形状清理）""Align terrain to shapes（对齐地形到形状）""Align Shapes to Terrain（对齐形状到地形）""Reset Terrain（重置地形）""Subdivide（形状细分）""Separate Faces（分离面）""Combine Shapes（形状融合）""Union Shapes（形状合并）""Subtract Shapes（形状裁剪）""Offset Shapes（形状偏移）""Remove Holes（移除孔洞）""Reverse Normals（反向法线）""Set First Edge（设置首边）"和"Convert Models to Shapes（模型转形状）"等操作。

其中，创建多边形形状、创建矩形形状、创建圆形形状、形状贴图、形状清理和对齐地形等常用工具被集成在工具条上，如图 3-6 所示。

在对齐地形操作中，如果需要重置地形，可使用主菜单的"Layer（图层）"→"Reset Terrain（重置地形）"工具完成。

图 3-6　工具条上的常用形状建模工具

3.3.1　创建多边形形状

使用创建多边形形状工具可以绘制任意形状的多边形，利用该工具推拉多边形可以生成三维几何体。具体操作如下：首先使用鼠标左键单击 * Scene 场景中的形状图层 🧊，然后再用鼠标左键单击工具条上的"Polygon Shape Creation（创建多边形形状）"工具 🔺，在"3D View（3D 视图）"中使用该工具依次单击节点绘制多边形。如果需要精确绘制，可以配合使用"Numerical Input（数值输入框）"，在该输入框中输入多边形的边长值，并按下回车键（Enter），然后使用鼠标左键确定当前节点方向，如图 3-7a 所示，最终完成多边形的绘制，结果如图 3-7b 所示。

在绘制多边形时，可以通过按下键盘"A"键，使之在直线和弧段（Arc）之间自由切换。当处于弧段模式下，可以使用鼠标左键拖动蓝色球的位置来调整弧段方向，然后移动鼠标左键的位置来调整弧段半径，如图 3-8a 所示。另外，通过滑动鼠标滚轮可以更改弧段的边数。最终绘制的带弧多边形结果如图 3-8b 所示。

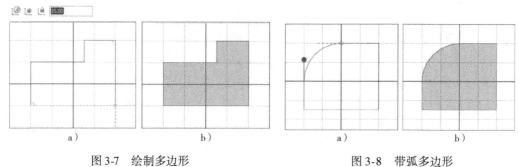

图 3-7　绘制多边形	图 3-8　带弧多边形
a）确定当前节点方向　b）完成绘制	a）调整弧段半径　b）完成绘制

使用创建多边形形状工具不仅可以绘制平面形状，还可以通过推拉的方式创建三维几何体。首先使用鼠标左键单击工具条上的"Polygon Shape Creation（创建多边形形状）"工具，然后将鼠标指针悬停在多边形的面或边上，此时会出现橙色的可拖动的球形手柄。用鼠标左键按住该橙色球向多边形的法线方向（即垂直多边形的方向）或切线方向（即平行多边形的方向）进行推拉，可创建三维形状，如图 3-9 所示。当使用鼠标左键拖动球形手柄时，程序会自动捕捉附近的顶点。如果需要精确建模，可配合使用"Numerical Input（数值输入框）"。

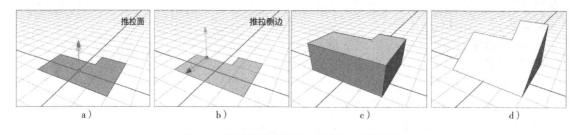

图 3-9　使用创建多边形工具创建三维形状
a）推拉面　b）推拉侧边　c）推拉面产生的形状　d）推拉侧边产生的形状

提示　使用创建多边形工具建模技巧：1）按下 A 键可切换直线和弧段模式。使用弧段模式时，利用鼠标左键拖动蓝色球的位置可调整弧段方向，移动鼠标左键的位置可调整弧段半径，利用鼠标滚轮可调整弧段边数；2）将鼠标指针悬停在多边形的面或边上，通过推拉的方式可以创建三维几何体；3）精确绘制形状和建模需要配合使用数值输入框工具；4）使用创建多边形形状工具绘制相邻形状时，不需要重复绘制相邻边，该工具可以实现多边形自动闭合；5）使用创建多边形形状工具只能绘制水平形状，不能绘制倾斜或立面形状。此处的水平形状是指平行于格网线的形状。在当前版本的 CityEngine 中，倾斜或立面形状可通过将水平形状进行必要的形状旋转和形状移动得到。

3.3.2　创建矩形形状

使用创建矩形形状工具可以绘制任意尺寸的长方形，利用该工具推拉矩形可以生成长方体。具体操作如下：首先使用鼠标左键单击＊Scene 场景中的形状图层 █，然后使用鼠标左键单击工具条上的"Rectangular shape creation（创建矩形形状）"工具 █，在"3D View（3D 视图）"中利用该工具绘制矩形，如图 3-10a 所示，使用该工具对矩形的面或边进行推拉可创建三维几何体，如图3-10b和图 3-10c 所示，其建模过程和多边形建模类似，如需精确绘制矩形和建模可配合使用"Numerical Input（数值输入框）"。

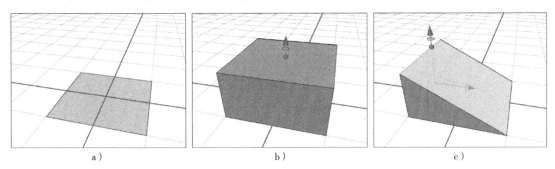

图 3-10　使用创建矩形工具创建三维形状
a）绘制矩形　b）推拉面产生的形状　c）推拉侧边产生的形状

提示 使用创建矩形形状工具只能绘制水平形状，不能绘制倾斜或立面形状。此处的水平形状是指平行于格网线的形状。

3.3.3　创建圆形形状

使用创建圆形形状工具可以绘制任意尺寸的圆形，利用该工具推拉圆形可以生成圆柱体。具体操作如下：首先使用鼠标左键单击＊Scene 场景中的形状图层 █，然后使用鼠标左键单击工具条上的"Circular shape creation（创建圆形形状）"工具 ◉，在"3D View（3D 视图）"中利用该工具绘制圆形，如图 3-11a 所示，使用该工具对圆形的面或边进行推拉可创建三维几何体，如图3-11b和图 3-11c 所示，其建模过程和多边形建模类似，如需精确绘制圆形和建模可配合使用"Numerical Input（数值输入框）"。

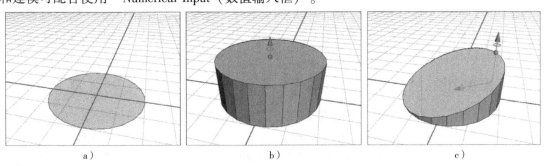

图 3-11　使用创建圆形工具创建三维形状
a）绘制圆形　b）推拉面产生的形状　c）推拉侧边产生的形状

提示 在使用创建圆形形状工具绘制圆形时，可通过滑动滚轮来更改圆形的边数。使用创建圆形形状工具只能绘制水平形状，不能绘制倾斜或立面形状。此处的水平形状是指平行于格网线的形状。

3.3.4　形状绘制中的捕捉

当使用形状建模工具时，程序会自动启用形状捕捉功能，捕捉项包括：坐标轴、延伸线、直角、平行线、顶点、线上点和线中点，所有捕捉功能会自动相交以形成组合后的捕捉结果。在形状绘制过程中，当移动鼠标指针时，如果遇到捕捉项，鼠标指针位置会显示相应的橙色线，以此提示有捕捉项可用。认识多样化的捕捉符号有助于区分捕捉项功能，提高形状绘制的效率，如图 3-12 所示。

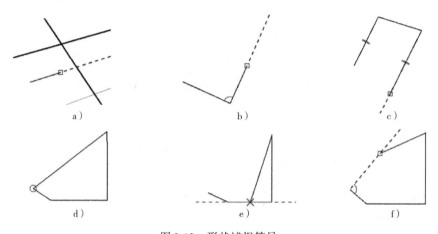

图 3-12　形状捕捉符号

a) 捕捉坐标轴（延伸线）　b) 捕捉直角　c) 捕捉平行线　d) 捕捉顶点　e) 捕捉线中点　f) 捕捉混合项

提示 在形状绘制中，如果需要临时取消捕捉，可通过按下键盘"Shift"键操作，如果需要显示生成捕捉边（即捕捉边突出显示为蓝色），可通过按下键盘"G"键操作。

3.3.5　形状绘制中的数值输入

在精确绘制形状和建模中，需要使用数值输入框来控制精度。在形状绘制中，配合形状建模工具，在"Numerical Input（数值输入框）" 中输入对应数值，然后按回车键（Enter）结束。当移动鼠标指针时，数值字段将显示线段、矩形边或圆弧半径的长度，此时输入数值可用来设置长度。当使用创建多边形形状工具时，可以输入另一组坐标以设置下一个顶点位置。

3.3.6　形状切割

使用创建多边形形状工具，创建矩形形状工具和创建圆形形状工具还可以实现多边形的切割。其中使用创建多边形形状工具可对初始形状进行任意形状的切割，利用创建矩形形状工具和创建圆形形状工具可从初始形状中分别切割出矩形和圆形子形状。图 3-13 显示了使用创建多边形形状工具切割矩形过程，利用该工具在矩形中绘制 Z 形线进行切割（图 3-13b），最终得到两个拓扑相邻的不规则多边形（图 3-13c）。

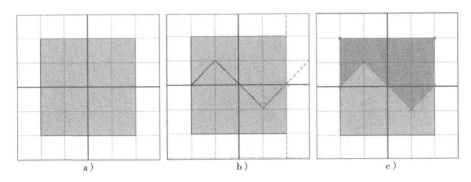

图 3-13　使用创建多边形形状工具切割不规则多边形过程

a）绘制矩形　b）绘制 Z 形线　c）两个拓扑相邻的不规则多边形

【例 3-1】从矩形中切割八边形示例。下面的操作步骤演示了使用创建矩形形状工具绘制矩形和使用创建多边形形状工具切割八边形的过程，如图 3-14 所示。

首先使用工具条上的"Rectangular shape creation（创建矩形形状）"工具 绘制尺寸为 40m×40m 的矩形（图 3-14a），然后使用"Polygon Shape Creation（创建多边形形状）"工具 分别连接矩形的对角线，CityEngine 会自动按连线分割矩形并确定中点（图 3-14b）。

随后使用创建多边形形状工具从中点出发，按长度 20m 绘制类似风车扇叶形状（图 3-14c）的多边形，形成八边形骨架，如图 3-14d 所示。

再次使用创建多边形形状工具分别连接八边形骨架，切割出八边形如图 3-14e 所示。最后使用工具条上的"Select（选择）"工具 选择多余的角边形状将其删除，最终得到的八边形形状，如图 3-14f 所示。

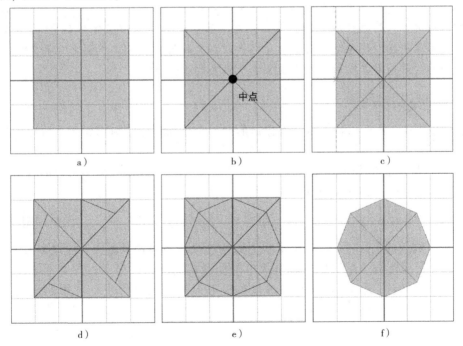

图 3-14　从矩形中切割八边形过程

a）绘制矩形　b）确定中点　c）绘制等腰三角形　d）形成八边形骨架　e）切割出八边形　f）删除多余形状

提示 在实际绘制八边形形状时，可使用"Circular shape creation（创建圆形形状）"工具通过滑动鼠标滚轮更改圆形边数进行绘制。

【例3-2】从圆形中切割圆环示例。下面的操作步骤演示了使用创建圆形形状工具绘制圆形并切割圆环的过程，如图3-15所示。

首先使用"Circular shape creation（创建圆形形状）"工具 在坐标轴原点处绘制半径为50m的圆形（图3-15a），然后再次以坐标轴原点为中心点绘制半径为40m的圆形（图3-15b），此时会自动切割出圆环，最后使用创建圆形形状工具推拉该圆环构建如图3-15c所示的模型。

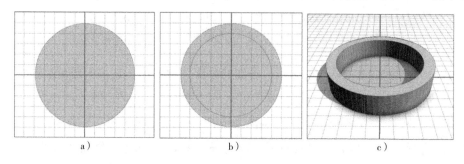

图3-15　从圆形中切割圆环过程
a）绘制圆形　b）绘制不同半径圆形　c）通过推拉圆环创建三维形状

提示 在当前版本的CityEngine中，形状切割工具只能对面进行切割，不能切割形状体，创建矩形形状工具和创建圆形形状工具只能对水平形状进行切割，不能切割倾斜或立面形状。此处的水平形状是指平行于格网线的形状。创建多边形形状工具可以对水平、倾斜或立面形状进行切割，但切割程度不同。创建多边形形状工具可以对水平形状进行任意切割，但对倾斜或立面形状只能进行简单的直线切割，且直线两端点必须在被切割面的边上。在实际建模中，如需对非水平形状进行细致切割（比如在立面形状中切割出弧线形状），可将整体形状进行必要的形状旋转以使待切割形状处于水平状态，再使用切割工具进行切割。这类似于篆刻家篆刻印章，总是将需要雕琢的面置于水平位置再进行雕刻。

3.3.7　复杂多面体建模

综合使用创建多边形形状工具，创建矩形形状工具和创建圆形形状工具可以构建复杂多面体。

【例3-3】复杂多面体建模示例。下面的操作步骤演示了使用创建多边形形状工具构建复杂三维几何体的过程，如图3-16所示。

首先单击"Polygon Shape Creation（创建多边形形状）"工具 ，绘制如图3-16a所示的L形形状。然后用鼠标左键单击该形状上的橙色球形手柄向上推拉，构建如图3-16b所示的三维几何体。紧接着，用鼠标左键再次单击创建多边形形状工具，在L形侧面上绘制如图3-16c所示的矩形。最后用鼠标左键单击该矩形上的橙色球形手柄向里面拖动，构建如图3-16d所示的三维模型。

3.3.8　形状贴图

使用形状贴图工具用于向选定形状填充纹理图片，实现材质贴图。具体操作如下：首先

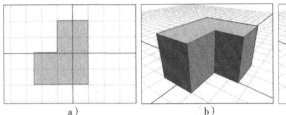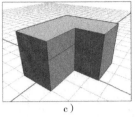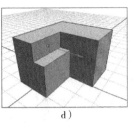

| a) | b) | c) | d) |

图3-16　复杂多面体建模过程

a）绘制L形形状　b）向上推拉面产生三维形状　c）在L形侧面绘制矩形　d）向里拖动矩形面构建三维模型

使用工具条上的"Select（选择）"工具 ▶ 选中要填充纹理的形状（图3-17a），然后单击工具条上的"Texture shapes（形状贴图）"工具，打开"Shape Texturing Tool（形状贴图工具）"对话框，设置相关参数，如图3-18所示，单击"Assign（分配）"按钮完成填充，最终填充纹理后的效果如图3-17b所示。

形状贴图工具对话框（图3-18）中的参数说明。该对话框从上到下，依次包括"General（常规）""Image Transformation（图像变换）"和"Texture Coordinates Mapping（纹理坐标映射）"三个选项。其中"General（常规）"用于设置填充纹理图片的路径；"Image Transformation（图像变换）"用于设置纹理图片的几何变换方式，包括对齐方向、旋转角度和水平/垂直翻转。"Texture Coordinates Mapping（纹理坐标映射）"用于设置纹理图片的填充模式，

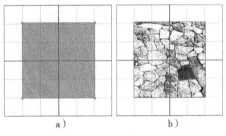

图3-17　形状贴图

a）选择形状　b）填充纹理

包括"Keep current mapping（保持当前映射）""Stretch to polygon（拉伸到多边形）"和"Dimension（尺寸）"。其中，"Keep current mapping（保持当前映射）"表示保持当前的填充状态。

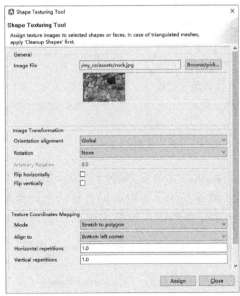

图3-18　形状贴图对话框

1）"Stretch to polygon（拉伸到多边形）"：该模式用于在选定形状上拉伸纹理。当选择了所有形状时，纹理将拉伸到所有当前共面的面组上。设定的参数包括：

"Align to（对齐至）"：可取值为：Bottom left corner｜Bottom right corner｜Top left corner｜Top right corner（左下角｜右下角｜左上角｜右上角），该参数仅当下面的水平或垂直重复次数不是整数时才有效。

"Horizontal repetitions（水平重复）"：表示纹理图片水平重复的次数。

"Vertical repetitions（垂直重复）"：表示纹理图片垂直重复的次数。

图 3-19 显示了采用相同的对齐点（均为左下角），但采用不同的水平和垂直重复次数（图 3-19a 的水平/垂直重复次数为 1/1，图 3-19b 的水平/垂直重复次数为 2/2），所填充的纹理效果具有显著区别。

2）"Dimension（尺寸）"：该模式允许将纹理的填充尺寸设置为纹理的实际尺寸（dimension），设定参数包括以下几项：

"Align to（对齐至）"：可取值为：Bottom left corner｜Bottom right corner｜Top left corner｜Top right corner（左下角｜右下角｜左上角｜右上角）。

"Absolute texture width（绝对纹理宽度）"：纹理图片的实际宽度，以 m 为单位。

"Snap horizontally to bounds（水平捕捉边界）"：拉伸纹理的宽度使其水平捕捉到边界。

"Absolute texture height（绝对纹理高度）"：纹理图片的实际高度，以 m 为单位。

"Snap vertically to bounds（垂直捕捉边界）"：拉伸纹理的高度使其垂直捕捉到边界。

图 3-20 显示了采用相同的对齐点（均为左下角），但采用不同的绝对纹理宽度和高度（图 3-20a 的纹理宽度/高度为 30m/30m，图 3-20b 的纹理宽度/高度为 30m/10m），所填充的纹理效果具有显著区别。

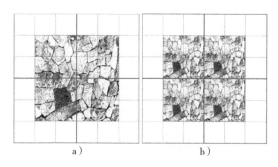 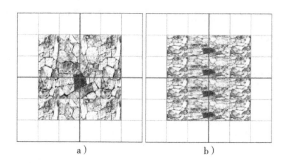

a）	b）		a）	b）

图 3-19　不同水平/垂直重复次数填充效果　　　　　图 3-20　不同纹理宽度/高度填充效果
　a）重复次数为 1/1　b）重复次数为 2/2　　　　　a）宽度/高度为 30m/30m　b）宽度/高度为 30m/10m

3.3.9　形状清理

形状清理工具用于对选定形状的冗余要素进行清除，如边上存在孤点，相邻多边形存在重复边或面等。通过执行形状清理操作，可以确保各形状之间保持正确的连接信息，以使其具有最优的 3D 编辑效果。在实际建模中，如果编辑形状遇到问题，可尝试使用默认值进行清理操作。具体操作如下：首先使用工具条上的"Select（选择）"工具 ▶ 选中要进行清理的形状（图 3-21a），然后单击工具条上的"Cleanup shapes（形状清理）"工具 ，打开"Cleanup shape（形状清理）"对话框，设置相关参数，如图 3-22 所示，单击"Finish（完成）" 按钮执行清理，最终清理后的形状如图 3-21b 所示。在该操作中可以看出，清理前的形状存在冗余边，执行清理后见余边全部删除，以此优化形状结构。

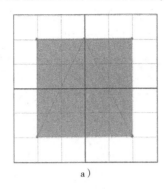 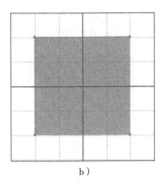

a）　　　　　　　　　　　　　　b）

图 3-21　形状清理

a）选中要清理的形状　b）清理后的形状

形状清理对话框（图 3-22）中的参数说明。该对话框从上到下，依次包括：

"Merge Vertices（合并顶点）"：如果两个顶点之间的距离小于设定阈值，则将其合并为一个。

"Remove Coplanar Edges（移除共面边）"：合并相邻的共面多边形。

"No Cleanup on Discontinuous Textures（不清除不连续的纹理）"：当顶点的纹理坐标不连续时，将跳过该顶点的所有操作。

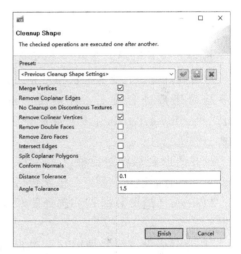

"Remove Collinear Vertices（移除共线点）"：移除同一直线上的多个顶点。

"Remove Double Faces（移除双面）"：移除具有相同顶点（直到平移和倒置）的重复面，保留其中一个。

图 3-22　形状清理对话框

"Remove Zero Faces（移除零面）"：移除尺寸为零的面。

"Intersect Edges（相交边）"：对所有相交叉的边执行相交运算，并生成交叉点。

"Split Coplanar Polygons（切割共面多边形）"：将同一平面上的重叠多边形沿其边缘切割为多个不重叠的多边形。

"Conform Normals（计算一致性法线）"：使用连接性和启发式方法计算一致性法线。该选项可能需要合并顶点并删除双面。

"Distance Tolerance（距离容差）"和 "Angle Tolerance（角度容差）"：上述操作的阈值。

3.3.10　对齐地形到形状

对齐地形到形状工具用于将地形与形状相对齐。具体操作如下：首先使用工具条上的 "Select（选择）"工具 ▶ 选中要进行地形对齐的形状（图 3-23a），然后单击工具条上的 "Align terrain to shapes（对齐地形到形状）"按钮 ⬇，打开 "Align terrain to shapes（对齐地形到形状)"对话框,设置相关参数,如图 3-24 所示,单击"Apply(应用)"按钮进行地形对齐,最终效果如图 3-23b 所示。在该操作中可以看出,对齐前的形状和地形之间存在一定的高程差(图 3-23a),进行地形对齐后,地形和形状之间的高程差被清除(图 3-23b),即通过升高形状下方的地形像点来对齐地形和形状,在该过程中可能产生相应的地面挖方或填方。

a)　　　　　　　　　　　　　b)

图 3-23　对齐地形到形状
a)选中要对齐的形状　b)对齐后效果

提示 对齐地形到形状工具可将一个或多个地形与当前选择的所有形状相对齐。如果想对对齐后的地形进行重置,可使用"Layer(图层)"→"Reset Terrain(重置地形)"工具进行处理。

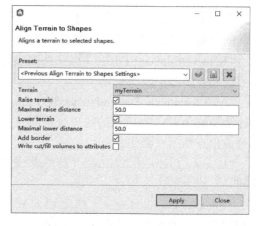

图 3-24　对齐地形到形状对话框

对齐地形到形状对话框(图 3-24)中的参数说明。该对话框从上到下,依次包括:

"Terrain(地形数据)":选择要对齐的地形数据。

"Raise terrain(升高地形)":是否升高形状下方的地形顶点,使之与形状底面相对齐。

"Maximal raise distance(最大升高距离)":如果地形低于形状的底面,则形状下方的地形顶点会按最大升高距离进行升高。

"Lower terrain(下降地形)":是否下降形状上方的地形顶点,使之与形状顶面相对齐。

"Maximal lower distance(最大下降距离)":如果地形高于形状的顶面,则形状上方的地形顶点会按最大下降距离进行降低。

"Add border(添加边框)":是否将形状周围的小边框区域对齐。

"Write cut/fill volumes to attributes(生成挖方/填方量)":是否将对齐过程中产生的地面挖方土量(Cut volume)和填方土量(Fill volume)数据写入到对象属性的字段内。如果选中该项,会在形状内自动生成 cutVolume 和 fillVolume 字段,该字段可在"Inspector(检查器)"→"Shape(形状)"→"Object Attributes(对象属性)"中查看。

3.3.11　对齐形状到地形

对齐形状到地形工具用于将形状与地形相对齐,它可以将所选形状与任意地形(定义了"高程"属性的地图图层)或世界坐标系下竖轴为 $y = 0$ 的平面相对齐。此外,使用偏移量可以进行微调。具体操作如下：首先使用工具条上的"Select（选择）"工具 ▶ 选中要进行对齐的形状（图 3-25a），然后单击工具条上的"Align shapes to terrain（对齐形状到地形）"按钮 ⬦，打开"Align shapes（对齐形状）"对话框，设置相关参数，如图 3-26 所示，单击"Finish（完成）"按钮进行对齐，最终效果如图3-25b所示。在该操作中可以看出，对齐前的形状和地形之间存在一定的高程差（图 3-25a），进行形状对齐后，地形和形状之间的高程差被清除，即通过平移形状使形状底面与地形表面相对齐（图 3-25b）。

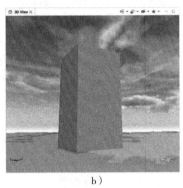

a) b)

图 3-25 对齐形状到地形

a）选中要对齐的形状 b）对齐后效果

对齐形状对话框（图 3-26）中的参数说明。该对话框从上到下，依次包括：

"Align function（对齐函数）"：选择相应的对齐函数。

"Heightmap（高程图）"：选择对齐形状的地形数据。该选项会列出全部具有"高程"属性的地图图层以及世界坐标系下竖轴为 $y=0$ 的平面。

"Offset（偏移量）"：作用于形状顶点的 y 坐标的偏移量。

其中，对齐函数包括：

"Project All（全部投影）"：将所有形状的顶点全部投影到地形上。

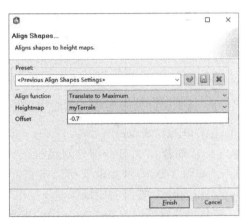

图 3-26 对齐形状到地形对话框

"Project Below（投影下方）"：仅投影位于地形下方的形状顶点。

"Project to Object Average（投影到对象平均值）"：将形状的顶点投影到位于形状顶点高程平均值的曲面上。

"Translate to Average（平移到平均值）"：将形状平移到投影顶点的平均高度位置。

"Translate to Maximum（平移到最大值）"：将形状平移到投影顶点的最大高度位置。

"Translate to Minimum（平移到最小值）"：将形状平移到投影顶点的最小高度位置。

3.3.12 重置地形

重置地形工具用于重置经过对齐后的地形数据，即恢复地形图层的高程属性所定义的初始高度。具体操作为：单击主菜单的"Layer（图层）"→"Reset Terrain（重置地形）"工具，打开"Reset Terrain（重置地形）"对话框，如图 3-27 所示，设置相应的参数，单击"Apply（应用）"按钮进行地形重置。

重置地形对话框（图 3-27）中的参数说明。该对话框从上到下，依次包括：

"Terrain（地形数据）"：选择要重置的地形图层或全部地形。

"Constraint（约束规则）"：如果设置为Everywhere，则所有地形将全部重置。如果设置为"Inside selected shapes only（仅在选定的形状内部）"，则仅重置与当前选定形状相交叉的地形顶点。

"Add border（添加边框）"：是否将形状周围的小边框区域也进行重置。该选项仅当约束设置为仅在选定的形状内部时有效。

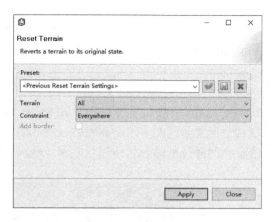

图 3-27　重置地形对话框

3.3.13　形状细分

形状细分工具用于从初始形状中切割出满足细分规则的小形状。该工具可通过参数设置来实现不同的细分布局。具体操作如下：

首先使用工具条上的"Select（选择）"工具 ▶ 选中要细分的形状，然后用鼠标左键单击主菜单的"Shapes（形状）"→"Subdivide（形状细分）"，打开细分对话框（Subdivide），如图 3-28 所示，设置相应参数，单击"Apply（应用）"按钮完成操作。

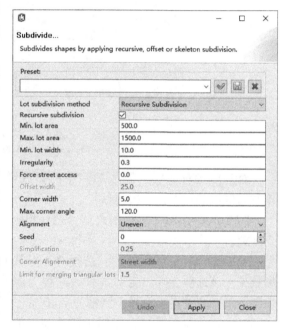

图 3-28　形状细分对话框

形状细分对话框（图 3-28）中的参数说明。该对话框中的参数依照细分方式有所不同，其细分方式主要包括："Recursive Subdivision（递归细分）""Offset Subdivision（偏移细分）""Skeleton Subdivision（骨架线细分）"和"No Subdivision（无细分）"等。不同的细分方式生成的形状效果如图 3-29 所示，所包含的参数项见表 3-1。

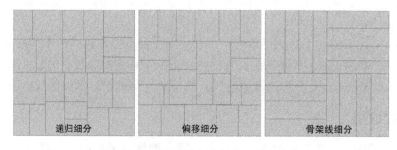

图 3-29　不同细分方式生成的形状效果

表 3-1　形状细分参数项

Lot subdivision method （细分方式）	Recursive subdivision （递归细分）	Offset Subdivision （偏移细分）	Skeleton Subdivision （骨架线细分）
Recursive subdivision （递归细分）	是否使用递归细分		—
Min lot area （最小地块面积）	细分后获得的地块面积最小值		—
Max lot area （最大地块面积）	细分后获得的地块面积最大值		—
Min lot width （最小地块宽度）	地块边的最小宽度。如果该值很高，则产生的地块面积可能会超过最大地块面积。如果该值较小，则可能会创建较多的窄小地块		
Irregularity （不规则度）	分割线的不规则度，取值为 [0，1]。值越大，分割线距中心点就越远，生成的地块就越不规则		
Force street access （与街道的连通性）	地块与街道的连通性，取值为 [0，1]。值越大，会有越多的地块和街道相连通		—
Offset width （偏移宽度）	—	使用偏移细分时创建的地块深度	—
Corner width （拐角宽度）	拐角内侧的宽度。当取值为 0 时不创建任何拐角。该值的最大值由算法自动计算，以避免产生自相交		
Max corner angle （最大拐角）	拐角角度阈值。当取值为 0 时不创建任何拐角。较大的值会创建更多的拐角		—
Alignment （对齐方式）	该参数用于控制地块对齐地形，且当初始形状的高程不均匀时才使用。包含四种高程对齐方式："Uneven（不均匀的）""Even at minimum（最小值的）""Even at maximum（最大值的）"和"Even at average（平均值的）"		—
Seed （随机数种子）	控制地块随机性的整型数值		
Simplification （简化度）	—	—	简化地块数量的程度，取值为 [0，1]。较高的值会创建具有较少顶点的不规则地块
Corner Alignment （拐角对齐方式）	—	—	在两条街道的拐角处，通过选择拐角对齐方式来确定地块形状，可取值为：Street length｜width（街道长度｜宽度）
Limit for merging triangular lots （合并三角地块的限制）	—	—	合并三角形地块的限制因子。取值越大，合并三角形地块越剧烈

提示 形状细分工具只能用于使用形状建模工具创建的静态形状，不能用于使用 CGA 规则创建的动态形状。对于动态街区的细分，可以使用相同的细分规则，请查看本书第 2 章中的 "2.8.1 随机创建街区" 的内容。

3.3.14 分离面

分离面工具用于分离形状中的子形状，它会将形状中的子形状从初始形状中分离出来，形成单独的形状。并且，所有新形状都会放置在初始形状的图层中。具体操作如下：

首先使用鼠标左键单击工具条上的 "Polygon shape creation（创建多边形形状）" 按钮 ，绘制初始形状，如图 3-30a 所示。然后使用鼠标左键单击工具条上的 "Select（选择）" 按钮 ，选中要分离的子形状（图 3-30b）。最后使用鼠标左键单击主菜单 "Shapes（形状）" → "Separate Faces（分离面）" 按钮，完成操作。分离后的子形状效果如图 3-30c 所示。在该操作中，使用选择工具选择分离前的三角形，会发现该三角形和其他边角仍为一个整体。当执行分离面操作后，再使用选择工具选择该三角形，此时三角形会被单独选中，表示已被分离，形成了单独面。

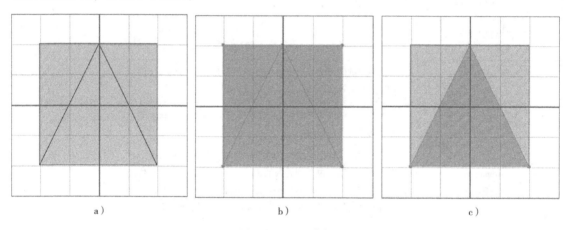

图 3-30 形状分离

a) 绘制初始形状 b) 选中要分离的子形状 c) 分离后的子形状

提示 分离面工具应用广泛，当对三维模型的某个面进行贴图时，通常需要先将该面从形状集合中分离出来。另外，当对形状中的某个子形状进行编辑（如拉伸、平移、缩放或旋转）时，通常也需要先对该子形状进行分离面操作。

3.3.15 形状融合

形状融合工具和分离面工具的作用相反，它会将每个独立形状融合为统一整体。具体操作为：

首先使用鼠标左键单击工具条上的 "Select（选择）" 按钮 ，选中要融合的形状，如图 3-31b 所示。然后使用鼠标左键单击主菜单的 "Shapes（形状）" → "Combine Shapes（形状融合）" 按钮，完成融合。最终融合后的形状效果如图 3-31c 所示。在该操作中，融合前的子形状均为独立形状（图 3-31a），执行形状融合后，第一象限和第三象限的形状已融合为统一整体（图 3-31c）。

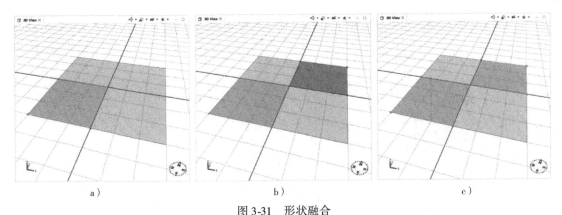

图 3-31 形状融合

a）融合前的子形状　b）选中要融合的形状　c）融合后的形状

3.3.16　形状合并

形状合并工具会将每个独立子形状合并为一个整体形状，该工具和形状融合工具不同，其区别在于是否保留子形状的边界。具体操作为：

首先使用鼠标左键单击工具条上的"Select（选择）"按钮 ▶ ，选中要合并的形状，如图 3-32a 所示。然后使用鼠标左键单击主菜单的"Shapes（形状）"→"Union Shapes（形状合并）"按钮，完成合并。最终合并后的形状效果如图 3-32b 所示。在该操作中，初始形状为相互独立的矩形（图 3-32a），合并后的形状不存在子形状边界（图 3-32b），而融合后的形状则保留子形状边界（图 3-32c）。

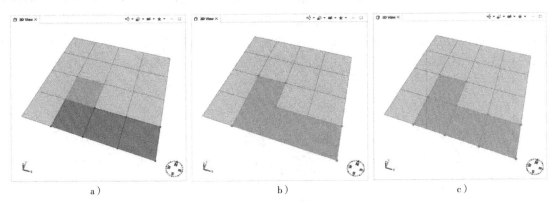

图 3-32 形状合并与形状融合对比

a）初始形状　b）形状合并　c）形状融合

3.3.17　形状裁剪

形状裁剪工具用于将相互重叠的形状按重叠边线进行裁剪，裁剪结果和选中多边形的次序有关。具体操作为：

首先使用鼠标左键单击工具条上的"Select（选择）"按钮 ▶ ，依次选中要进行裁剪的形状，先选中矩形 A，再选中矩形 B，如图 3-33a 所示。然后使用鼠标左键单击主菜单的"Shapes（形状）"→"Subtract Shapes（形状裁剪）"按钮，执行裁剪。最终裁剪效果如

图 3-33b 所示。若倒置两矩形的选择次序，裁剪效果如图 3-33c 所示。

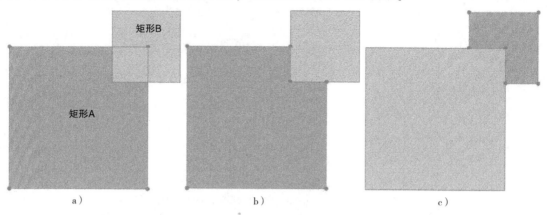

图 3-33　形状裁剪
a）依次选中要裁剪的形状　b）裁剪效果1　c）裁剪效果2

提示 形状裁剪工具的裁剪结果遵循"先选谁就裁谁"原则。

3.3.18　形状偏移

形状偏移工具用于在初始形状上按照偏移距离向形状中心偏移多边形，该操作会产生环带形状，同时对初始形状进行保留。具体操作为：

首先使用鼠标左键单击工具条上的"Select（选择）"按钮 ▶ ，选中要进行偏移的形状，如图 3-34a 所示。然后使用鼠标左键单击主菜单的"Shapes（形状）"→"Offset Shapes（形状偏移）"按钮，按橙色箭头方向用鼠标左键拖动箭头进行偏移（图 3-34b）。如果要进行精确偏移，可配合使用"Numerical Input（数值输入框）"选项。最终，形状偏移后的效果如图 3-34c 所示。在该操作中可以看出，通过使用形状偏移，在圆形基础上生成了圆环。

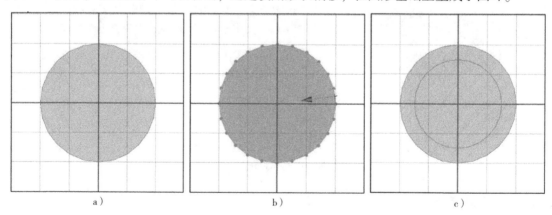

图 3-34　形状偏移
a）选中要偏移的形状　b）拖动箭头进行偏移　c）偏移后效果

3.3.19　移除孔洞

移除孔洞工具用于移除形状中的孔洞多边形，该操作可快速修补具有孔洞问题的形状。具体操作为：

首先使用鼠标左键单击工具条上的"Select（选择）"按钮 ▶，选中带有孔洞的多边形，如图 3-35a 所示。然后使用鼠标左键单击主菜单的"Shapes（形状）"→"Remove Holes（移除孔洞）"按钮，完成操作。最终效果如图 3-35b 所示。

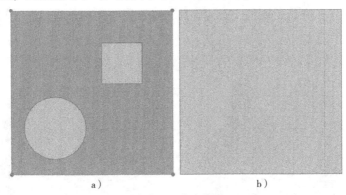

图 3-35　移除孔洞

a）选中带有孔洞的多边形　b）移除后效果

3.3.20　反向法线

反向法线工具用于反转选定面的法线（即方向）。当导入具有反方向的形状后，通常需要执行该操作。具体操作为：

首先使用主菜单的"Shapes（形状）"→"Circular Shape Creation（创建圆形形状）"工具和"Offset Shapes（形状偏移）"工具绘制如图 3-36a 所示的形状，然后使用鼠标左键单击工具条上的"Select（选择）"按钮 ▶，选中要进行反向法线的圆环，如图 3-36a 所示。再使用鼠标左键单击主菜单的"Shapes（形状）"→"Reverse Normals（反向法线）"按钮，执行操作后的效果如图 3-36b 所示。最后使用创建圆形形状工具沿法线方向分别推拉圆环和内圆，最终效果如图 3-36c 所示。

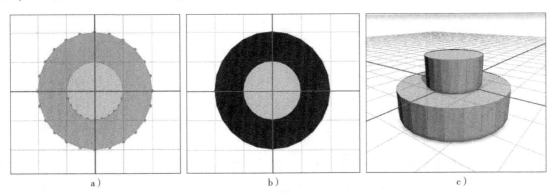

a）　　　　　　　　　　　b）　　　　　　　　　　　c）

图 3-36　反向法线

a）选中圆环　b）圆环反向法线效果　c）通过推拉面生成三维模型效果

3.3.21　设置首边

设置首边工具用于将多边形里面选中的边强行设置为第一条边（即索引为 0 的边）。通常执行该操作，是为了合理地进行纹理贴图或形状编辑。具体操作为：

首先使用鼠标左键单击工具条上的"Select（选择）"按钮 ▶ ，选中形状的某条边。然后使用鼠标左键单击主菜单的"Shapes（形状）"→"Set First Edge（设置首边）"按钮，完成操作。图 3-37 显示了在街道图层上针对道路形状设置不同的首边位置，道路纹理填充呈现出了不同的贴图效果。

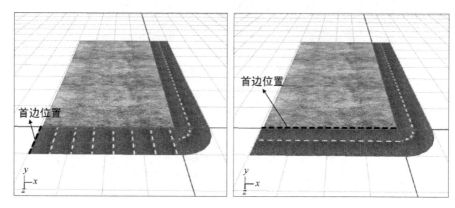

图 3-37　设置首边

3.3.22　模型转形状

在三维建模中，为了手动编辑使用 CGA 规则生成的模型，必须使用模型转形状工具将其先转换为静态形状。但是模型转换为形状后，其属性和 CGA 规则的更改将不再影响该形状。具体操作为：

首先使用鼠标左键单击工具条上的"Select（选择）"按钮 ▶ ，选中利用 CGA 规则生成的模型。然后使用鼠标左键单击主菜单的"Shapes（形状）"→"Convert Models to Shapes（模型转形状）"按钮，完成操作。

3.4　变换工具

变换工具位于主菜单的"Edit（编辑）"中，主要包括：形状移动，形状缩放和形状旋转。变换工具同样被集成在工具条上，如图 3-38 所示。

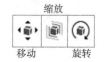

图 3-38　工具条上的
形状变换工具

3.4.1　形状移动

形状移动工具用于对形状沿坐标轴进行平移。具体操作为：

首先使用鼠标左键单击工具条上的"Select（选择）"按钮 ▶ ，选中形状或形状要素（如面、边或顶点），如图 3-39 所示，然后使用鼠标左键单击工具条上的"Move（形状移动）"按钮 ，此时会显示相应的黄色球形手柄，利用鼠标左键拖动黄色手柄进行移动即可。如果需要精确移动，可配合使用"Numerical Input（数值输入框）"选项，在里面输入 $x \mid y \mid z$ 方向的偏移量，按回车键结束。

图 3-40 显示了使用形状移动工具对形状的体、面、边和顶点进行变换操作的过程。其

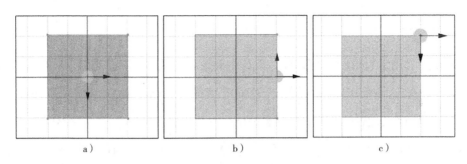

图 3-39 形状移动

a）移动面 b）移动侧边 c）移动顶点

中，图 3-40a 表示移动整个形状，图 3-40b 表示移动侧面，图 3-40c 表示移动侧边，图 3-40d 表示移动顶点。

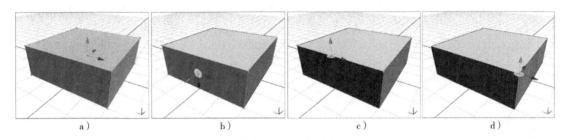

图 3-40 形状移动

a）移动整体 b）移动侧面 c）移动侧边 d）移动顶点

3.4.2 形状缩放

形状缩放工具用于对形状进行缩小和放大，其具体操作和形状移动工具类似。具体操作为：

首先使用鼠标左键单击工具条上的"Select（选择）"按钮 ▶ ，选中要缩放的形状要素（如形状体、面、边），然后使用鼠标左键单击工具条上的"Scale（形状缩放）"按钮 ，此时会显示相应的红色/黄色/绿色/蓝色方形手柄，如图 3-41 所示，利用鼠标左键拖动方形手柄即可执行缩放操作。如果需要精确缩放，可配合使用"Numerical Input（数值输入框）"选项，在里面输入 $x \mid y \mid z$ 方向的缩放量，按回车键结束。

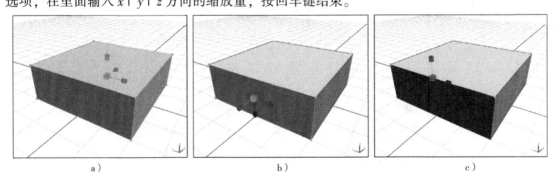

图 3-41 形状缩放

a）缩放整体 b）缩放侧面 c 缩放侧边

3.4.3 形状旋转

形状旋转工具用于对形状进行旋转，其具体操作和形状移动工具类似。具体操作为：

首先使用鼠标左键单击工具条上的 "Select（选择）" 按钮 ▶ ，选中要旋转的形状要素（如形状体、面、边），然后使用鼠标左键单击工具条上的 "Rotate（形状旋转）" 按钮 ⬛ ，此时会显示相应的红色/绿色/蓝色环形手柄，如图 3-42 所示，利用鼠标左键在环形手柄上滑动即可执行旋转操作。如果需要精确旋转，可配合使用 "Numerical Input（数值输入框）" 选项，在里面输入 $x | y | z$ 方向的旋转角度，按回车键结束。

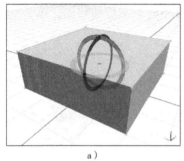 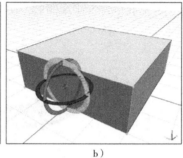 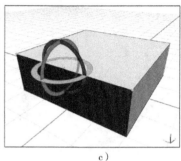

a） b） c）

图 3-42 形状旋转

a）旋转整体 b）旋转侧面 c）旋转侧边

3.5 测量工具

测量工具位于主菜单的 "Edit（编辑）" 中，用于辅助手动建模、程序建模和 3D 空间分析，主要包括：测量距离，测量面积和路径。测量工具被集成在工具条上，如图 3-43 所示。

图 3-43 工具条上的测量工具

3.5.1 测量距离

"Measure Distance（测量距离）" 工具 ⬛ 用于测量形状中任意指定两点的距离，如图 3-44 所示。

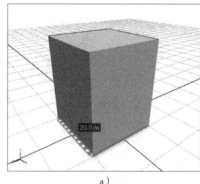 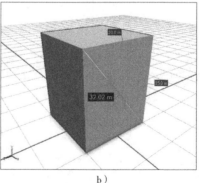

a） b）

图 3-44 测量距离

3.5.2　测量面积和路径

"Measure Area and Paths（测量面积和路径）"工具 用于测量形状中任意指定多边形的面积和路径长度（即多边形的周长），如图 3-45 所示。

在图 3-45 中，使用"Measure Area and Paths（测量面积和路径）"工具对长方体的侧面面积进行测量，结果显示该侧面宽为 20m，高为 25m，则测量后的面积为 500m²，对应的路径长（即周长）为 90m。

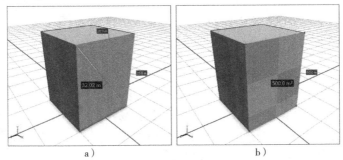

a)　　　　　　　　　　　　b)

图 3-45　测量面积和路径

3.6　手动三维建模实例

本节通过创建一个楼梯三维模型来加深对手动三维建模工具的理解和认识。楼梯的参数如图 3-46 所示，楼梯总高为 3m，包含 15级台阶，每级台阶高为 0.2m，宽为 0.3m，长为 0.8m。

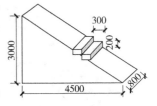

图 3-46　楼梯的参数

具体建模过程如下：

1）首先使用工具条上的"Rectangular shape creation（创建矩形形状）"工具 ，绘制长为 4.5m、宽为 0.8m 的矩形。然后使用"Polygon shape creation（创建多边形形状）"工具 ，沿长边按间隔 0.3m 依次切割矩形，生成 15 个 0.3m×0.8m 的小矩形，如图 3-47a 所示。利用"Select（选择）" 工具选中所有矩形，使用主菜单的"Shapes（形状）"→"Separate Faces（分离面）"工具分离各矩形。

2）利用"Move（形状移动）"工具 ，沿 y 轴按高度等差数列依次向上移动各小矩形，如图 3-47b 所示。其中高度等差数列为 [0, 0.2, 0.4, 0.6, 0.8, 1.0, 1.2, 1.4, 1.6, 1.8, 2.0, 2.2, 2.4, 2.6, 2.8]。

3）使用"Polygon Shape Creation（创建多边形形状）"工具 ，沿各小矩形的面法线方向依次推拉，生成彼此相邻的矩形台阶，如图 3-47c 所示。利用"Select（选择）"工具 ，选中所有矩形台阶，使用主菜单的"Shapes（形状）"→"Separate Faces（分离面）"工具分离各面。

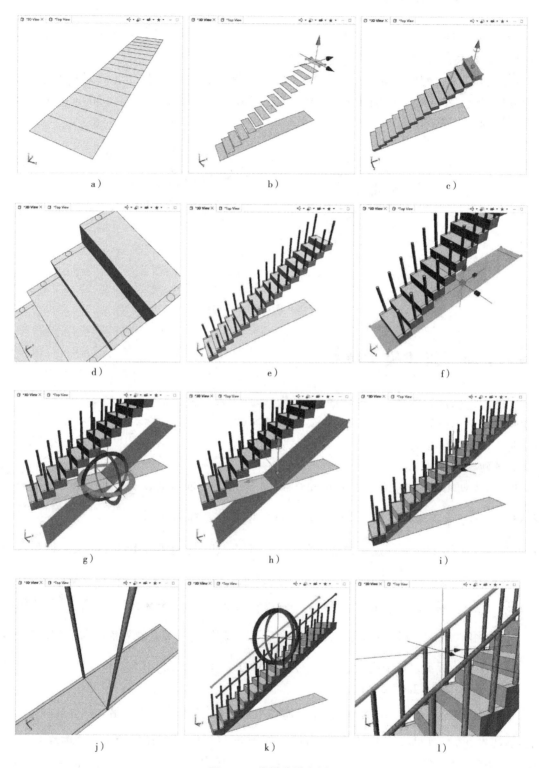

a)   b)   c)

d)   e)   f)

g)   h)   i)

j)   k)   l)

图 3-47　楼梯建模实例

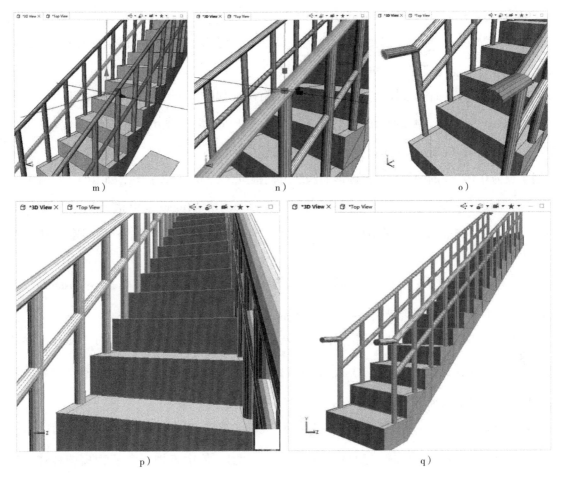

图 3-47 楼梯建模实例（续）

4）使用"Rectangular shape creation（创建矩形形状）"工具 ▣，在台阶顶面的两端分别切割 0.3m×0.05m 的窄小矩形，并使用"Circular shape creation（创建圆形形状）"工具 ◉，在窄小矩形的中心处绘制半径为 0.025m 的圆形，如图 3-47d 所示。

5）紧接着，利用"Circular shape creation（创建圆形形状）"工具 ◉，沿各圆形的面法线方向依次推拉 0.7m，生成台阶栏杆，如图 3-47e 所示。

6）使用"Select（选择）"工具 ▶，选中台阶底部的 4.5m×0.8m 矩形，利用形状"Scale（缩放）"工具 ▤，将该矩形缩放为 5.05m×0.8m，如图 3-47f 所示。

7）使用"Rotate（形状旋转）"工具 ◉ 联合"Measure Distance（测量距离）"工具 ▭，对缩放后的矩形进行旋转，使之与台阶对角连线向平行，如图 3-47g 所示。

8）利用"Polygon Shape Creation（创建多边形形状）"工具 ◢，沿 y 轴方向将该矩形推拉 0.2m，生成平行六面体，如图 3-47h 所示。

9）使用"Select（选择）"工具 ▶ 选中该平行六面体，利用"Move（形状移动）"工具 ⬥📦▶ 联合"Measure Distance（测量距离）"工具 ▭，将该平行六面体沿 y 轴方向向上移动，使之与台阶对角连线相对齐，如图 3-47i 所示。

10）使用"Select（选择）"工具 ▶，选中台阶底部的 4.5m×0.8m 矩形，利用"Rectangular shape creation（创建矩形形状）"工具 ▢，在该矩形两端分别切割 4.5m×0.05m 的窄小矩形。使用"Circular shape creation（创建圆形形状）"工具 ◐，在窄小矩形的中心处绘制半径为 0.025m 的圆形，并沿圆形面法线方向推拉 5.05m，生成护栏，如图 3-47j 所示。

11）利用"Select（选择）"工具 ▶ 选中该护栏，使用"Rotate（形状旋转）"工具 ◉ 联合"Measure Distance（测量距离）"工具 ▭，使其旋转到与台阶栏的杆顶端连线相对齐，如图 3-47k 所示。

12）再次选择该护栏，使用"Move（形状移动）"工具 ⬥📦▶ 联合"Measure Distance（测量距离）"工具 ▭，将该护栏移动到台阶栏杆顶端位置，如图 3-47l 所示。

13）复制顶端护栏图层，使用"Select（选择）"工具 ▶ 选中护栏，使用"Move（形状移动）"工具 ⬥📦▶ 联合"Measure Distance（测量距离）"工具 ▭，将该护栏移动到台阶栏杆中间位置，如图 3-47m 所示。

14）使用"Select（选择）"工具 ▶ 依次选中顶端护栏，利用形状"Scale（缩放）"工具 ▦ 联合"Measure Distance（测量距离）"工具 ▭，依次将护栏缩放为扁圆柱体，如图 3-47n 所示。

15）再次根据台阶底部的 4.5m×0.8m 矩形及窄小矩形，利用"Circular shape creation（创建圆形形状）"工具 ◐，"Move（形状移动）"工具 ⬥📦▶，"Scale（形状缩放）"工具 ▦，"Rotate（形状旋转）"工具 ◉ 和"Measure Distance（测量距离）"工具 ▭ 绘制台阶把手护栏，如图 3-47o 所示。

最终利用手动建模工具绘制的楼梯模型局部效果如图 3-47p 所示，整体效果如图 3-47q 所示。

第 4 章　CGA 规则建模

内容导读

　　本章首先介绍了 CityEngine 坐标系，主要包括世界坐标系、场景坐标系、对象坐标系、枢轴坐标系和范围坐标系，然后讲解了 CGA 规则文件的使用方法，紧接着，介绍了 CGA 规则的基本语法和注释符，最后通过使用 CGA 规则创建一个魔方实例来加深对程序建模的直观理解和认识。

4.1　预备知识

4.1.1　新建项目及场景

　　本节新建项目及场景的过程和本书第 2 章中的"2.1　新建项目"及"2.2　新建场景"的过程相同，请读者查看相应内容。需要注意的是，在建模中如果使用地图相关数据，还应准备地形数据、障碍数据和纹理数据。

4.1.2　新建形状及街道图层

　　由于 CGA 规则是针对形状（Shape）进行操作，因此需要在场景中新建形状或街道图层。本节新建形状和街道图层的过程和本书第 3 章中的"3.1.2　新建形状及街道图层"的过程相同，请读者查看对应的内容。

　　🔊 **注意**　在本章及接下来的章节中，所有涉及 CGA 规则的操作均在形状图层上完成，除非特别指明是街道图层。在实际建模中，由于街道图层也包含形状要素，比如"Block（街区）"的主要作用就是构建建筑体模型。因此，本章及接下来章节中的所有操作也适用于街道图层的形状要素。

4.2　CityEngine 坐标系

　　在 CityEngine 中，对于三维模型，无论是手动三维建模还是 CGA 规则建模都会涉及坐标系，它不仅定义了模型的位置和方位，还控制着模型创建过程中每个面及边点的定位信息，纹理贴图的大小和相应位置。

　　CityEngine 的坐标系部署在场景中，可在 3D 视图中进行可视化。

　　CityEngine 提供了五种不同的坐标系，分别是世界坐标系、场景坐标系、对象坐标系、枢轴坐标系和范围坐标系。

4.2.1　世界坐标系

世界坐标系（World Coordinate System）是指整个场景所处的全局空间直角坐标系，它以视图格网中的粗十字线交叉点为原点，定义了每个形状相对于该原点的空间坐标位置，其空间范围最大。

世界坐标系具有三个分量，分别为 x 轴、y 轴和 z 轴。其中 y 轴指向向上，x 轴指向正东，z 轴指向正南。它们可在"View settings（视图设置）" 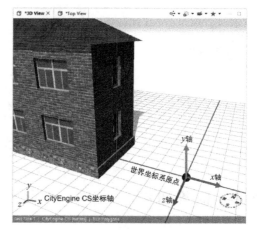 中，通过显示坐标轴（Axes）、格网（Grid）和罗盘（Compass）进行可视化。

世界坐标系的轴向在 3D 视图中与 CityEngine 坐标系（CityEngine Coordinate System，CityEngine CS）的轴向保持一致，如图 4-1 所示。

如果所创建的三维模型具有地理坐标，那么经地图投影后的模型位置起点可能会远离该世界坐标系原点。在图 4-2 中，南通大学钟秀校区由于采用国家 2000 大地坐标系（China Geodetic Coordinate System 2000，CGCS2000），且使用高斯-

图 4-1　世界坐标系原点位置

克吕格东经 123°分带投影，因此在"3D View（3D 视图）"中可以看出，该校区的某教学楼距离世界坐标系的原点已非常遥远。

图 4-2　采用地图投影的某教学楼在世界坐标系中的位置

4.2.2　场景坐标系

场景坐标系（Scene Coordinate System）是指整个场景所处的地图投影坐标系，它通常以地球赤道和投影带的中央经线的交点为原点，定义了每个形状相对于该原点的地理空间参考，其空间范围限于投影平面内。

场景坐标系具有三个分量，分别为 x 轴、y 轴和 z 轴。其中 z 轴指向向上，x 轴指向正东（经度向），y 轴指向正北（纬度向）。它们可在"View settings（视图设置）" 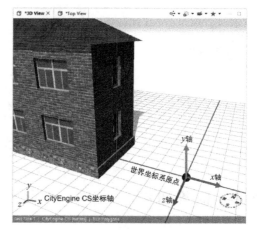 中，通过显

示坐标轴（Axes）、格网（Grid）和罗盘（Compass）进行可视化。

　　场景坐标系的轴向在"3D View（3D 视图）"中可通过使用"View settings（视图设置）"→"View coordinate system（查看坐标系）"→"Scene CS（场景 CS）"操作进行查看，如图 4-3 所示。

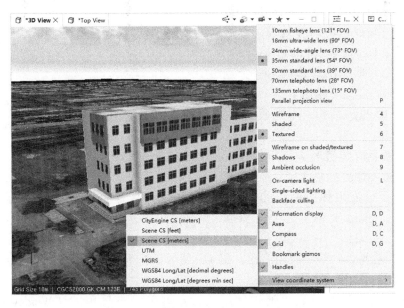

图 4-3　在视图设置中查看场景坐标系

　　在 CityEngine 中，场景坐标系和世界坐标系相辅相成，两者在软件中可通过空间变换进行自动转换，在实际建模中，通常以世界坐标系为基准，场景坐标系为参考。

　　当建立的场景文件无任何地理坐标系时，CityEngine 仅提供世界坐标系，不再显示场景坐标系，如图 4-4 所示。

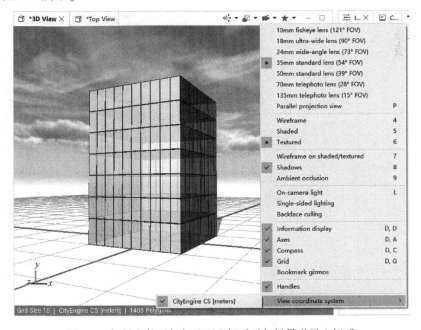

图 4-4　场景文件无任何地理坐标系时仅提供世界坐标系

4.2.3　对象坐标系

通常，每个模型都具有一个局部坐标系（Local Coordinate System），用于标识自身的坐标方向，便于使用变换工具进行诸如旋转、平移、缩放、切割等处理，称之为对象坐标系（Object Coordinate System）。其原点设置在初始形状的首边的第一个点上，并且轴方向确定为 x 轴沿着第一条边，y 轴沿着第一面的法线，z 轴垂直于 xy 平面。

对象坐标系具有位置和方向属性，可通过 initialShape.origin.p $\{x \mid y \mid z\}$ 属性获取对象相对于世界坐标系原点的位置，通过 initialShape.origin.o $\{x \mid y \mid z\}$ 获取对应方向。

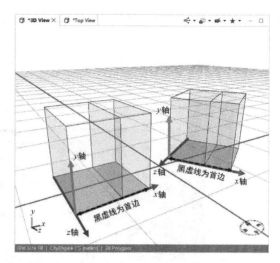

图 4-5　基于对象坐标系对形状进行切割

对象坐标系在单体建模中应用广泛，图 4-5 显示了基于对象坐标系对形状沿 x 轴进行切割的效果。

对象坐标系的方向和位置可通过使用鼠标左键单击主菜单的 "Window（窗口）" → "Show Model Hierarchy（显示模型层次结构）" → "Model Hierarchy（模型层次树）" 管理器中的 "Origin of model（模型原点，即该对象坐标系原点）" 按钮 进行查看，如图 4-6 所示。

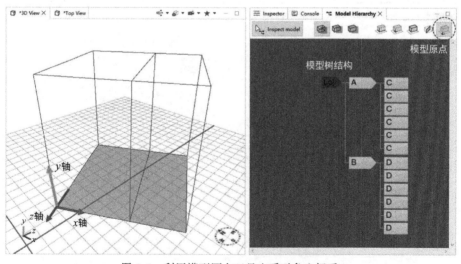

图 4-6　利用模型原点工具查看对象坐标系

在实际建模中，可联合使用工具条中的 "Move（形状移动）" 按钮 和 "Select Object CS as reference（选择对象坐标系作为参考工具）" 按钮 来查看对象坐标系状态，如图 4-7 所示。其中，图 4-7a 显示了对象坐标系的参考轴向，图 4-7b 显示了世界坐标系的参考轴向。

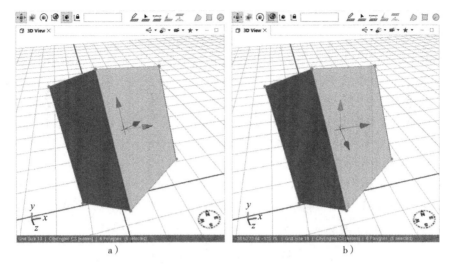

图 4-7　利用形状移动工具快捷查看对象坐标系和世界坐标系

a）对象坐标系的参考轴向　b）世界坐标系的参考轴向

4.2.4　枢轴坐标系

枢轴坐标系（Pivot Coordinate System）用于描述模型中每个子形状的位置状态，它基于对象空间坐标系定义了每个子形状相对于对象坐标系原点的位置。枢轴坐标系的原点设置在子形状首边的第一个点上，并且沿着首边的方向定义为 x 轴，沿着第一面的法线方向定义为 y 轴，沿着 xy 平面的法线方向定义为 z 轴。

枢轴坐标系具有枢轴属性，可通过 pivot. p $\{x \mid y \mid z\}$ 属性获取枢轴位置，通过 pivot. o $\{x \mid y \mid z\}$ 获取枢轴方向。

类似对象坐标系，枢轴坐标系可通过使用鼠标左键单击"Model Hierarchy（模型层次树）"管理器中的"Pivot of selected CGA shape（选中的 CGA 形状枢轴）"按钮 进行查看，如图 4-8 所示。

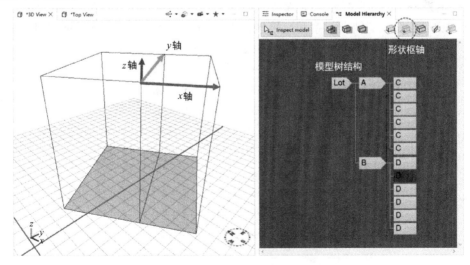

图 4-8　利用形状枢轴工具查看枢轴坐标系

4.2.5 范围坐标系

每个形状都有一个关联的范围坐标系（Scope Coordinate System）。范围坐标系基于枢轴空间坐标系定义了形状的边界框尺寸。典型的形状变换会在范围坐标系上运行。此外，纹理贴图通常基于范围坐标系进行处理。

范围坐标系具有范围属性，可通过 scope. t $\{x \mid y \mid z\}$ 属性获取形状的平移向量，通过 scope. r $\{x \mid y \mid z\}$ 获取形状的旋转向量，通过 scope. s $\{x \mid y \mid z\}$ 获取形状的尺寸向量，通过 scope. elevation 获取形状的高度。

类似对象坐标系和枢轴坐标系，范围坐标系可通过使用鼠标左键单击"Model Hierarchy（模型层次树）"管理器中的"Scope of selected CGA shape（选中的 CGA 形状范围）"按钮进行查看，如图 4-9 所示。

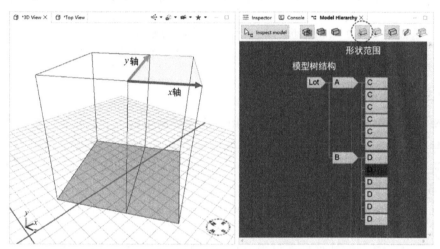

图 4-9　利用形状范围工具查看范围坐标系

4.2.6 各坐标系之间的关系

上述 CityEngine 中的坐标系并非孤立，而是紧密相关的。世界坐标系的空间范围最大，它包括了对象坐标系、枢轴坐标系和范围坐标系。如果在 3D 视图中查看地图投影坐标，可将世界坐标系切换为场景坐标系。各坐标系的可视化表达如图 4-10 所示。

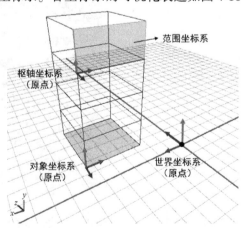

图 4-10　各坐标系的可视化表达及相互关系

4.3　新建及使用 CGA 规则文件

4.3.1　新建 CGA 规则文件

在"Navigator（导航器）"的 Rules 文件夹中单击鼠标右键，在快捷菜单中选择"New（新建）"→"CGA Rule File（CGA 规则文件）"选项，打开"CGA Rule File（CGA 规则文件）"对话框，输入要创建的规则文件名，如图 4-11、图 4-12 所示。

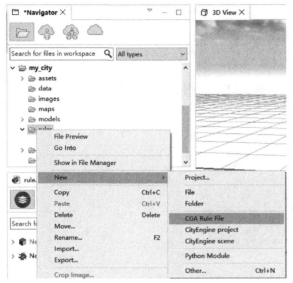
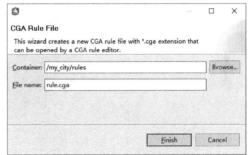

图 4-11　使用右键快捷菜单新建 CGA 规则文件　　　图 4-12　CGA 规则文件对话框

在文件夹 Rules 中，用鼠标左键双击上一步创建的规则文件，打开规则文件编辑器，编写以下代码：

version "2019.0"	//版本号
@StartRule	//显式声明起始规则
Lot -->	//Lot 为初始形状
extrude(10)	//拉伸 10m
color("#00FF00")	//填充绿色
X.	//X.为终端形状

4.3.2　使用 CGA 规则文件

首先在场景编辑器（*Scene）的形状图层上使用工具条中的创建矩形形状工具（Rectangular shape creation）■，绘制尺寸为 20m×20m 的矩形形状，如图 4-13 所示。

然后使用工具条中的"Select（选择）"按钮 ▶ 选中绘制的矩形地块，单击"Inspector（检查器）"中的"Shape（形状）"面板，设置"Rules（规则）"参数，如图 4-13 所示，或在工具条上单击"Assign rule file（分配规则文件）"按钮 ![cga] 选择起始规则。

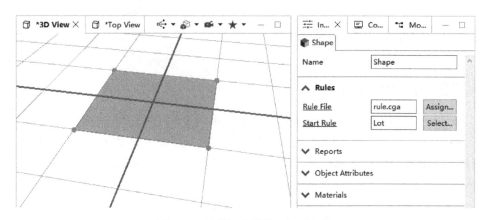

图 4-13　绘制矩形并分配规则文件

最后点击工具条中的 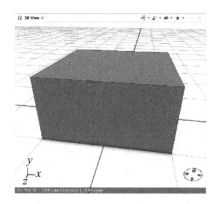 Generate 按钮，生成基于 CGA 规则的三维模型，如图 4-14 所示。

图 4-14　基于 CGA 规则生成三维模型效果

4.4　CGA 基本语法

4.4.1　CGA 规则的表达

CGA 规则的基本思想是用多个新形状替换具有特定形状符号的旧形状，基本语法为：

PredecessorShape --> Successor

语法说明：

PredecessorShape 为前驱形状，由形状符号进行标识，"-->"表示执行规则，Successor 为后继形状，由形状操作和形状符号构成。形状操作会更改当前形状，形状符号会创建前驱形状的副本（即产生后继形状符号），并将其作为活动形状添加到形状树中。如果存在后继形状符号的规则，则随后导出新形状，否则它将成为叶子形状。

🔊 **注意** CGA 规则区分字母大小写。

比如定义前驱形状和后继形状符号分别为 A 和 B，则有规则代码：

A --> B

那么，上述代码的含义是在 A 形状上应用规则时，会创建该形状的副本并将其形状符号设置为 B。现在将 A 形状视为已完成，不再对其进行处理。如果没有匹配 B 形状的规则，则生成过程结束。

上述规则代码生成的层次结构称为形状树，如右图所示：，规则执行前后结果如图 4-15 所示，其中图 4-15a 为初始形状，图 4-15b 为执行上述规则后的形状。

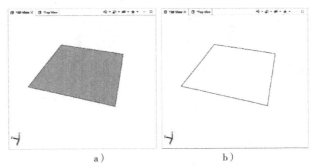

图 4-15　CGA 规则执行过程
a）初始形状　b）执行规则后的形状

在上面的形状树中，A 是根形状，B 是叶子形状。叶子形状非常重要，因为所有叶子形状的总和代表了生成的模型。形状树中的内部节点在最终模型中不可见。

上面定义的规则 A -->B，没有任何形状操作，现在在规则里面添加一个形状运算，代码如下：

```
A --> color("#FF0000") B
```

上述规则首先创建了 A 形状的副本，并将其形状符号设置为 B，B 形状具有着色操作，即将当前形状填充为红色。现在 A 形状已完成，不再对其进行处理。如果没有匹配 B 形状的规则，则生成过程结束。

此时生成的形状树仍为：，规则执行前后的结果如图 4-16 所示，其中图 4-16a 为初始形状，图 4-16b 为执行上述规则后的形状。

在上述代码的基础上，紧接着为 B 形状也创建一个规则，代码如下：

```
B --> C t(30,0,0) D.
```

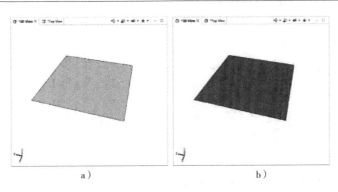

图 4-16　添加形状运算后的 CGA 规则执行前后结果对比
a）初始形状　b）执行规则后的形状

在上述规则执行过程中，首先创建 B 形状的副本，并将其形状符号分别设置为 C 和 D。D 形状具有平移操作，即将当前形状沿 x 轴移动 30 个单位。现在 B 形状已完成，不再对其进行处理。如果没有匹配 C 形状的规则，则生成过程结束，但此时 C 形状会有"Undefined Rule（未定义规则）"警告的提示。与此同时，D 形状后面加了"."表示该形状为终端形状，之后关于 D 形状的其他任何规则将不再执行。

此时生成的形状树为：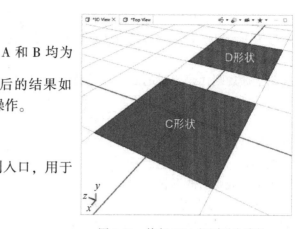，A 和 B 均为

内部节点，C 和 D 为叶子节点。执行规则后的结果如图 4-17 所示，相当于对模型作了复制-粘贴操作。

图 4-17 执行 CGA 规则后生成的模型效果

4.4.2 CGA 起始规则

每个规则文件都有一个或多个起始规则入口，用于标志规则的起始运行，基本语法为：

@ StartRule

Lot – –> Successor

语法说明：Lot 为 CGA 规则初始形状符号缺省名称，在本书中意为"地块"，事实上，初始形状符号可以任意定义。当存在多个起始规则时，应使用注解@ StartRule 作显式声明。Successor 为后继形状，包括形状符号和形状操作。

下面的示例演示了起始规则的定义：

```
@StartRule    //显式声明起始规则
Lot1 --> A
      A --> extrude(20)
@StartRule    //显式声明起始规则
Lot2 --> extrude(15) B
@StartRule    //显式声明起始规则
Lot3 --> extrude(10) color(1,0,0) C.
```

上述代码使用注解@ StartRule 显式声明了 3 个起始规则，分别为 Lot1，Lot2 和 Lot3。在 Lot1 中，Lot1 初始形状先生成了 A 形状，然后 A 形状执行了拉伸操作（A 形状后面没有形状符，默认为 A 形状）。在 Lot2 中，Lot2 初始形状生成了 B 形状，B 形状执行了拉伸操作。在 Lot3 中，Lot3 初始形状生成了 C 形状，C 形状执行了拉伸和着色操作，且 C 形状为终端形状，标志该形状规则的终止。

🔊 **注意** 形状符号及其形状运算统称为后继形状。

为使用上述规则代码，在形状图层中，首先创建 3 个 20m×20m 的初始形状，如图 4-19a 所示。然后使用工具条中的"Select（选择）"按钮 ▶ 选中其中某个形状，单击"Assign rule file（分配规则文件）"按钮 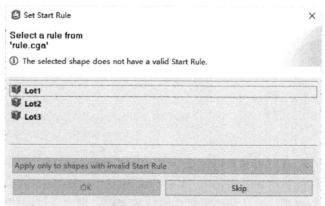，选择某个起始规则：Lot1、Lot2 或 Lot3，如图 4-18 所示。最后单击工具条中的 ⚙ Generate 按钮，生成基于 CGA 规则的三维模型，如图 4-19b 所示。

图 4-18 选择起始规则

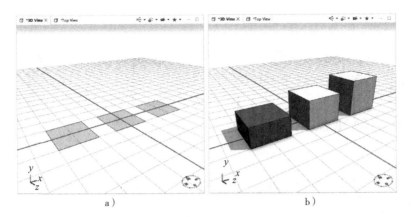

a)　　　　　　　　　　　　　　b)

图 4-19　起始规则执行后前后结果对比

a）初始形状　b）执行规则后的形状

4.4.3　CGA 版本号

在编写 CGA 规则之前，CityEngine 为新建的规则文件提供了 Version 关键字来定义为其编写规则的版本号，以此检测潜在的代码不兼容性。

CGA 代码的不兼容性主要由软件中的新功能函数和现有功能函数的更改导致。尽管前者相对来说没有太大问题，但后者通常是不希望出现的，特别是在使用新版本的 CityEngine 软件编辑或执行旧版本的 CGA 代码时经常会出现未定义规则（Undefined rule）错误。当出现此问题时，CityEngine 软件会根据代码版本号智能提示代码错误信息。有关 CGA 版本之间的更改的描述，可参见 CGA 更改日志。

4.5　CGA 注释

和其他计算机编程语言一样，CGA 也提供了代码注释符，以增强代码的可读性。根据编写规则的需要，CGA 提供了三种注释方式，分别为行注释、段落注释和行内注释。

🔊 注意 CGA 中的代码注释不会被解析，仅用于增强代码的可读性。

4.5.1　行注释

CGA 提供了两种注释符来进行行注释。一种是采用 C 语言的"//"注释符，另外一种是采用 Python 语言的"#"注释符。具体语法为：

//行注释内容或#行注释内容

4.5.2　段落注释

CGA 采用 C 语言的"/*…*/"注释符为段落提供注释，具体语法为：

/*

段落注释内容

*/

4.5.3 行内注释

CGA 允许在代码行内提供注释，同样采用 C 语言的 "/*...*/" 注释符标志，具体语法为：
规则代码 /* 行内注释内容 */ 规则代码

4.6 CGA 规则建模示例

本节通过使用 CGA 规则创建一个三阶魔方来加深对程序建模的直观理解和认识。具体操作如下：

1）在场景编辑器（* Scene）中新建形状图层。在创建好的形状图层上，单击工具条中的 "Rectangular shape creation（创建矩形形状)" 工具 ▣，绘制一个尺寸为 30m × 30m 的正方形，如图 4-20 所示。

2）在 "Navigator（导航器)" 的文件夹 Rules 中，单击鼠标右键新建并命名 CGA 规则文件，同时用鼠标左键双击该规则文件，打开规则文件编辑器（*.cga），编写以下代码：

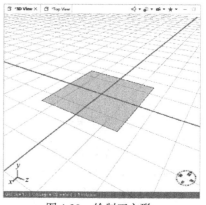

图 4-20　绘制正方形

```
version "2019.0"
/*
初始形状:30m* 30m 矩形
*/
@StartRule
Lot --> //显式声明 Lot 为起始规则
    extrude(30)        //拉伸 30 米
    split(y){10: A}*   //沿 y 轴按 10 米间隔重复切割
A --> split(x){10: B}*  //沿 x 轴按 10 米间隔重复切割
B --> split(z){10: C}*  //沿 z 轴按 10 米间隔重复切割
C -->
    comp(f){ //提取各面并填充颜色
        front:     color("#FFFF00") D.    //前面填充黄色
        |back:     color("#FF0000") D.    //背面填充红色
        |top:      color("#00FF00") D.    //顶面填充绿色
        |bottom:   color("#00FFFF") D.    //底面填充青色
        |left:     color("#0000FF") D.    //左面填充蓝色
        |right:    color("#FF00FF") D.    //右面填充紫色
    }
```

上述代码的起始规则为 Lot，后续派生了多个后继形状，其形状树如图 4-21 所示。后继形状 A 和 B 使用了拉伸操作 extrude() 和切割操作 split()，后继形状 C 使用了组件操作 comp()，后继形状 D 使用了填充颜色操作 color()，关于这些操作的详细用法请查看本书的 "第 5 章　CGA 形状编辑操作" 中的有关内容。

3）使用工具条中的"Select（选择）"按钮 ▶ 选中绘制的正方形形状，单击"Assign rule file（分配规则文件）"按钮 选择起始规则，单击 Generate 按钮生成三维模型，如图4-22所示。

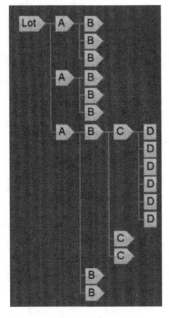

图 4-21　形状树

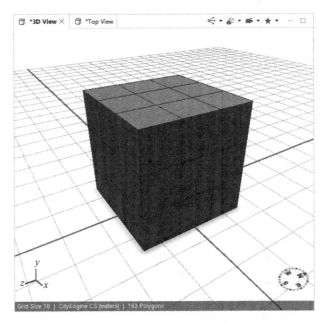

图 4-22　生成三维模型

第5章 CGA 形状编辑操作

内容导读

　　本章首先讲解了使用 CGA 规则创建几何体的相关操作，然后讲解了分割几何体、操控几何体和变换几何体的操作，紧接着，介绍了屋顶操作，最后对其他常用操作也进行了介绍。熟练掌握和应用这些操作可以创建复杂的建筑单体模型，并在大规模场景中显著提升建模效率。

5.1 创建几何体操作

5.1.1 拉伸操作

　　extrude()拉伸操作用于将形状沿着面法线或者拉伸类型的指定方向进行拉伸，通常将地块向上挤出一个高度，基本语法：

extrude（**distance**）

extrude（**extrusionType**，**distance**）

参数说明：

distance：浮点型数据，表示拉伸距离，默认沿形状法线进行拉伸。

extrusionType：字符型关键字，表示拉伸类型。可取值为：x | y | z（以世界坐标系为参考），也可采用如下关键字。

world. up：沿着世界坐标系的 y 轴拉伸面。

world. up. flatTop：沿着世界坐标系的 y 轴拉伸面，并且创建一个平坦顶面，适用于具有倾角的地块。

face. normal：沿着面的法线拉伸面，为拉伸操作的缺省值。

vertex. normal：沿着具有公共顶点的法线拉伸相邻面，使相邻面保持在一起，不会创建内部面。

【**例 5-1**】使用拉伸操作示例。下面的 CGA 代码演示了使用拉伸操作创建三维模型的过程，生成的模型效果如图 5-1 所示。

```
version "2019.0"
//初始形状: 20m * 20m 矩形
@StartRule
Lot --> extrude(20) /* 沿着面法线拉伸 20m */ X.
```

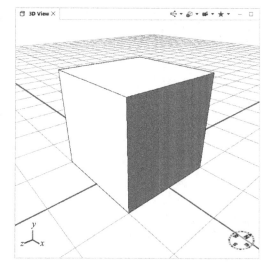

图 5-1　拉伸操作创建三维模型

【例 5-2】在倾斜地块上使用拉伸操作示例。下面的 CGA 代码演示了在倾斜地块上使用拉伸操作创建三维模型的过程，生成的模型效果如图 5-2 所示。在该示例中，首先对初始形状使用 r( ) 操作沿 x 轴旋转 20 度，创建倾斜地块，然后对倾斜地块进行拉伸，拉伸类型为 world. up. flatTop，这样会得到顶面为平面的几何体，如图 5-2 所示。

```
version "2019.0"
//初始形状: 20m * 20m 矩形
@StartRule
Lot -->
    r( -20,0,0)                    //沿 x 轴旋转 20 度，创建倾斜地块
    extrude(world.up.flatTop, 20)  //沿世界坐标系的 y 轴拉伸 20m，并创建平面
    X.
```

5.1.2 颜色操作

color( ) 颜色操作用于给形状着色，基本语法为：

color(str)

color(r,g,b)

color(r,g,b,o)

参数说明：

str：字符型数据，表示颜色值，使用 16 进制字符串表达，格式为 "#rrggbb"。

r, g, b：浮点型数据，分别表示红色通道、绿色通道和蓝色通道对应的颜色值，取值区间为 [0, 1]。

o：浮点型数据，表示颜色透明度，取值区间为 [0, 1]，其中 0 表示完全透明，1 表示完全不透明。

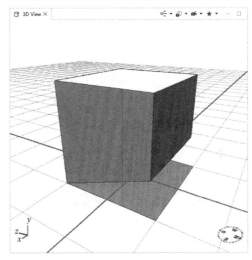

图 5-2 在倾斜地块上拉伸操作创建三维模型

【例 5-3】使用颜色操作示例。下面的 CGA 代码演示了使用颜色操作创建三维模型的过程，生成的模型效果如图 5-3 所示。在该示例中，由于设置了形状 B 的颜色透明度，因此可以透过形状 B 隐约看到形状 A。

```
version "2019.0"
//初始形状: 20m * 20m 矩形
@StartRule
Lot1 --> extrude(15) color("#FFCC00") A. //拉伸 15m 后填
充黄色
//初始形状: 20m * 40m 矩形
@StartRule
Lot2 --> extrude(15) color(0.5,1,0, 0.4) B. //拉伸 15m 后填
充绿色,设置透明度为 0.4
```

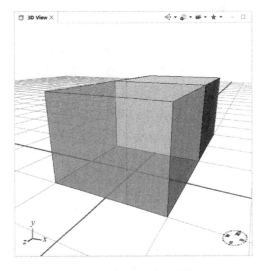

图 5-3 颜色操作创建三维模型

5.1.3 锥体操作

taper( )锥体操作用于将形状沿着面法线拉伸为锥体形状，基本语法：

taper(distance)

参数说明：

distance：浮点型数据，表示拉伸距离。

【例 5-4】使用锥体操作示例。下面的 CGA 代码演示了使用锥体操作创建三维模型的过程，生成的模型效果如图 5-4 所示。

```
version "2019.0"
//初始形状: 20m * 20m 矩形
@StartRule
Lot -->
    taper(17)            //拉伸 17m
    color(1,0.5,0,0.8) X. //填充橙色,透明度为 0.8
```

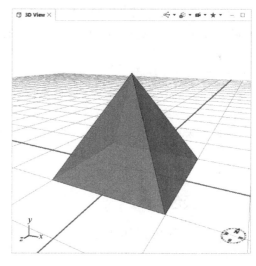

图 5-4　锥体操作创建三维模型

5.1.4 内部矩形操作

innerRectangle( )内部矩形操作用于寻找几何体中平行于 scopeY 轴和 scopeX 轴几何范围面积最大的矩形，基本语法为：

innerRectangle(alignment) {

　　selector operator operations|selector operator operations

}

参数说明：

alignment：字符型关键字，表示对齐方式，可取值为：scope|edge。scope 指生成的矩形边与范围的坐标轴平行，edge 指生成的矩形边与初始形状的边平行。

selector：字符型关键字，表示选择器，可取值为：shape|remainder。shape 指内部矩形，remainder 指除内部矩形外剩余的部分。

operator：定义如何使用内部矩形生成后继形状。有效运算符为 " : " 和 " = "。" : " 表示每个多边形都会放到一个新的形状中，" = " 表示将所有多边形合并为一个新形状。

operations：表示要执行的一系列 CGA 操作。

提示　内部矩形操作对于创建不规则形状的 3D 几何体有着重要性作用，在大规模场景建模中，可自动更正一些不可能建筑，从而减少人工复查工作量。

【例 5-5】使用内部矩形操作示例。下面的 CGA 代码演示了使用内部矩形操作创建三维模型的过程，生成的模型效果如图 5-5 所示。

```
version "2019.0"
//初始形状: 20m* 20m 不规则矩形
@StartRule
Lot -->
    innerRectangle(edge){   //按边对齐
        shape: extrude(10) color(1, 1, 0, 0.8) A. //内部矩形拉伸后填充黄色(透明度设为 0.6)
        |remainder: color(0.6, 0.6, 0.6) B. //剩余形状填充灰色
    }
```

5.1.5 原生四边形操作

primitiveQuad( )原生四边形操作用于在当前形状范围内生成一个矩形，基本语法为：

primitiveQuad( )

primitiveQuad(width，length)

参数说明：

width：浮点型数据，表示矩形宽度。

length：浮点型数据，表示矩形长度。

如果使用 primitiveQuad( )无参操作，即矩形的宽度和长度省略，则生成的矩形边线将与初始形状范围一致。

🔊 **注意** 原生四边形操作产生的矩形中心和初始形状的范围中心保持一致，矩形的形态和初始形状的首边有关。

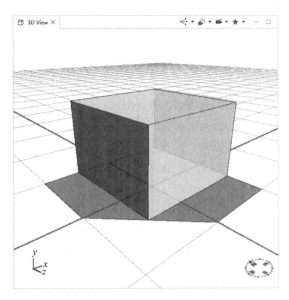

图 5-5　内部矩形操作创建三维模型

【例 5-6】 使用原生四边形操作示例。下面的 CGA 代码演示了使用原生四边形操作创建三维模型的过程，生成的模型效果如图 5-6 所示。

```
version "2019.0"
//初始形状: 20m * 20m 不规则矩形
@StartRule
Lot -->
    primitiveQuad(10,15) //生成宽为 10m,长为 15m 的四边形
    extrude(10)          //拉伸 10m
    color(1,1,0,0.6)     //填充黄色,设置透明度为 0.6
    X.
```

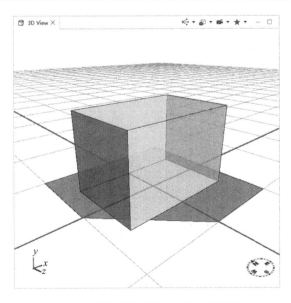

图 5-6　原生四边形操作创建三维模型

5.1.6　原生圆形操作

primitiveDisk( )原生圆形操作用于在当前形状范围内生成一个圆形，基本语法为：

primitiveDisk( )

primitiveDisk(nVertices)

primitiveDisk(nVertices , radius)

参数说明：

nVertices：整型数据，表示圆形边界处的顶点数，生成一个圆形至少包含 3 个顶点，默认值为16。

radius：浮点型数据，表示圆形半径。

如果使用 primitiveDisk( )无参操作，即圆形的边数和半径省略，则生成的圆形边界将与初始形状范围一致。

【**例 5-7**】使用原生圆形操作示例。下面的 CGA 代码演示了使用原生圆形操作创建三维模型的过程，生成的模型效果如图 5-7 所示。

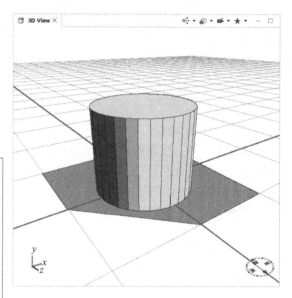

图 5-7　原生圆形操作创建三维模型

```
version "2019.0"
//初始形状: 20m * 20m 不规则矩形
@StartRule
Lot -->
        primitiveDisk(32,6)  //生成半径为 6m 的圆形
        extrude(10)          //拉伸 10m
        color(1,1,0)         //填充黄色
        X.
```

5.1.7　原生立方体操作

primitiveCube( )原生立方体操作用于在当前形状范围内生成一个长方体，基本语法为：

primitiveCube( )

primitiveCube(width , height , depth)

参数说明：

width：浮点型数据，表示长方体宽度。

height：浮点型数据，表示长方体高度。

depth：浮点型数据，表示长方体深度（长度）。

如果使用 primitiveCube( )无参操作，即长方体的长宽高省略，则将生成立方体，且立方体边界将与初始形状范围一致。

【**例 5-8**】使用原生立方体操作示例。下面的 CGA 代码演示了使用原生立方体操作创建三维模型的过程，生成的模型效果如图 5-8 所示。

```
version "2019.0"
//初始形状: 20m * 20m 不规则矩形
@StartRule
```

```
Lot -->
    primitiveCube(8,10,10)  //生成宽为 8m,高为 10m,深为 10m 的长方体
    color(1,1,0,0.6)        //填充黄色,透明度为 0.6
    X.
```

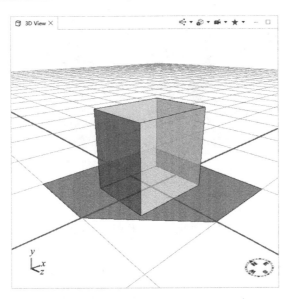

图 5-8　原生立方体操作创建三维模型

5.1.8　原生球体操作

primitiveSphere( )原生球体操作用于在当前形状范围内生成一个球体,基本语法为:

primitiveSphere( )

primitiveSphere(sides,divisions)

primitiveSphere(sides,divisions,radius)

参数说明:

sides:整型数据,表示沿球体纬线方向细分的数量,至少包含 3 个面,默认值为 16。

divisions:整型数据,表示沿球体经线方向细分的数量,至少包含 2 个区,默认值为 16。

radius:浮点型数据,表示球体半径。

如果使用 primitiveSphere( )无参操作,即球体的参数全部省略,则生成的球体边界将与初始形状范围一致。

【例 5-9】使用原生球体操作示例。下面的 CGA 代码演示了使用原生球体操作创建三维模型的过程,生成的模型效果如图 5-9 所示。

```
version "2019.0"
//初始形状: 20m * 20m 不规则矩形
@StartRule
Lot -->
    primitiveSphere(32,32,8) //生成半径为 8m 的球体
    color(1,1,0)             //填充黄色
    X.
```

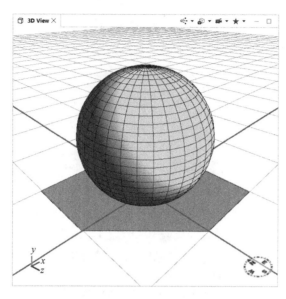

图 5-9　原生球体操作创建三维模型

5.1.9　原生柱体操作

primitiveCylinder( )原生柱体操作用于在当前形状范围内生成一个圆柱体，基本语法为：

primitiveCylinder( )

primitiveCylinder（sides）

primitiveCylinder（sides，radius，height）

参数说明：

sides：整型数据，表示圆柱面细分数量，至少包含 3 个面，默认值为 16。

radius：浮点型数据，表示圆柱体半径。

height：浮点型数据，表示圆柱体高度。

如果使用 primitiveCylinder( )无参操作，即圆柱体的参数全部省略，则生成的圆柱体边界将与初始形状范围一致。

【例 5-10】使用原生柱体操作示例。下面的 CGA 代码演示了使用原生柱体操作创建三维模型的过程，生成的模型效果如图 5-10所示。

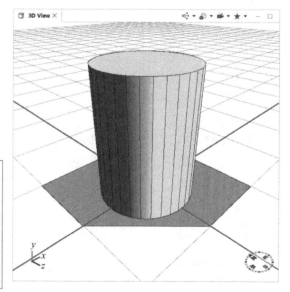

图 5-10　原生柱体操作创建三维模型

```
version "2019.0"
//初始形状: 20m * 20m 不规则矩形
@StartRule
Lot -->
    primitiveCylinder(32,6,16) //生成半径为 6m,高为
16m 的柱体
    color(1,1,0) X.        //填充黄色
```

5.1.10　原生锥体操作

primitiveCone( )原生锥体操作用于在当前形状范围内生成一个圆锥体，基本语法为：

primitiveCone( )

primitiveCone(sides)

primitiveCone(sides , radius , height)

参数说明：

sides：整型数据，表示圆锥面细分数量，至少包含 3 个面，默认值为 16。

radius：浮点型数据，表示圆锥体半径。

height：浮点型数据，表示圆锥体高度。

如果使用 primitiveCone（ ）无参操作，即圆锥体的参数省略，则生成的圆锥体边界将与初始形状范围一致。

【例 5-11】使用原生锥体操作示例。下面的 CGA 代码演示了使用原生锥体操作创建三维模型的过程，生成的模型效果如图 5-11 所示。

```
version "2019. 0"
//初始形状: 20m * 20m 不规则矩形
@StartRule
Lot -->
    primitiveCone(16,6,12) //生成半径为 6m,高为 12m
的锥体
    color(1,1,0) X.        //填充黄色
```

5.1.11　插入外部模型操作

i( )插入操作用于在当前形状范围内插入一个外部 3D 模型（一般是单体或小品模型），基本语法为：

i(geometryPath)

i(geometryPath , upAxisOfGeometry)

i(geometryPath , upAxisOfGeometry , insertMode)

参数说明：

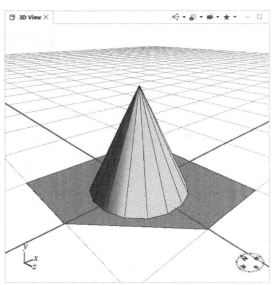

图 5-11　原生锥体操作创建三维模型

geometryPath：字符型数据，表示要插入的模型名称（包含路径）。

upAxisOfGeometry：字符型关键字，表示 Up 轴方向，可取值为：yUp | zUp。有些建模软件定义几何体的 Up 轴为 z 轴，为了适合 CityEngine 的坐标系，几何体的 Up 轴可能需要作调整。

insertMode：字符型关键字，表示插入模型的姿态，可取值为：alignSizeAndPosition | keepSizeAndPosition | keepSizeAlignPosition。其中，alignSizeAndPosition 为默认值，表示插入的模型会自适应当前形状范围。keepSizeAndPosition 表示保留原模型的大小和位置，并且不与形状范围对齐。keepSizeAlignPosition 表示保留原模型的尺寸，并且模型的位置将与形状范围对齐。

【例 5-12】使用插入外部模型操作示例。下面的 CGA 代码演示了使用插入外部模型操作创建三维模型的过程，生成的模型效果如图 5-12 所示。

```
version "2019.0"
//初始形状: 20m * 20m 不规则矩形
@StartRule
Lot -->
    i("models/tree/tree. obj") //插入外部树模型
    color(1,1,0) X.          //填充黄色
```

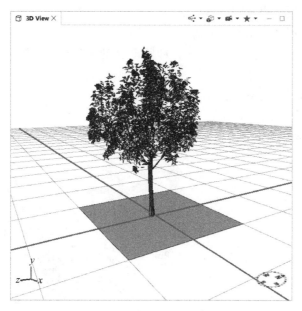

图 5-12　插入外部模型操作创建三维模型

5.2　分割几何体操作

5.2.1　组件操作

comp( ) 组件操作用于从模型中分离出满足一定条件的面、边或点形状，基本语法为：

comp(compSelector) {

　　　　selector operator operations|selector operator operations …

　　}

参数说明：

compSelector：字符型关键字，表示要分割组件的类型，可取值为：f | e | fe | v | g | m | h，分别表示为：面 | 边 | 面边 | 顶点 | 组 | 材质 | 孔洞。

selector：字符型关键字，表示形状选择器，可取值见表 5-1。

operator：定义形状选择器如何用于生成后继形状。有效的运算符为 " : " 和 " = "，前者表示根据形状选择器选定的每个组件都会放入到一个新形状，后者将所有选定的组件合并为一个新形状。

operations：表示在新形状上执行的一系列形状操作。

表 5-1　组件操作选择器关键字

取值	说明	坐标轴参考
front | back | left | right | top | bottom | side	前|后|左|右|上|下|侧面	对象坐标系
object. front | object. back | object. left | object. right | object. top | object. bottom | object. side	前|后|左|右|上|下|侧面	对象坐标系
world. south | world. north | world. west | world. east | world. up | world. down | world. side	南|北|西|东|上|下|侧面	世界坐标系
vertical | horizontal | aslant | nutant *	垂直|水平|上倾的|下垂的，该选择器适用于球体	对象坐标系
side	侧面	对象坐标系
border | inside	边界|内部，该选择器不适用于孔洞	
eave | hip | valley | ridge	屋檐|屋脊|山谷|山脊，该选择器适用于屋顶	
street. front | street. back | street. left | street. right | street. side	前|后|左|右|侧边，该选择器适用于街道	
all	所有	
0，1，2…	选择部件索引（下标从 0 开始）	

【例 5-13】使用组件操作提取普通面示例。下面的 CGA 代码演示了使用组件操作提取模型的普通面的过程，生成的模型效果如图 5-13 所示。

```
version "2019.0"
//初始形状: 20m * 20m 矩形
@StartRule
Lot -->
    extrude(20)  //拉伸 20m
    comp(f){   //提取面,以对象坐标系为参考
        back: color(1,0,0) FrontFacade. //后面
        |top: color(0,0,1) TopFacade. //顶面
        |side: color(0,1,0) SideFacade. //侧面
    }
```

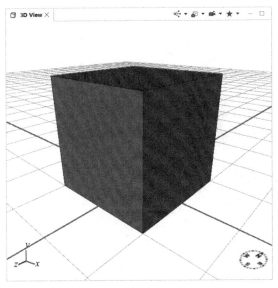

图 5-13　组件操作提取普通面

【例5-14】 使用组件操作提取球面示例。下面的 CGA 代码演示了使用组件操作提取球面的过程，生成的模型效果如图 5-14 所示。

```
version "2019. 0"
//初始形状: 20m * 20m 矩形
@StartRule
Lot -->
    primitiveSphere()    //生成球体
    comp (f){          //提取面
        horizontal: color("#0000ff") X. //水平面
        |aslant: color("#ff0000") X.    //上倾面
        |vertical: color("#ffff00") X.   //垂直面
        |nutant: color("#ff00ff") X.    //下垂面
    }
```

【例5-15】 使用组件操作提取扇面示例。下面的 CGA 代码演示了使用组件操作提取扇面的过程，生成的模型效果如图 5-15 所示。

```
version "2019. 0"
//初始形状: R =15m 圆形
@StartRule
Lot --> offset( -2) Ring //内缩 2m,生成圆环
Ring --> //圆环规则
    comp(f){ //提取所有扇面
        all: print("Wedge ID: " + comp.index) //打印扇面编号
            Wedge(comp.index)              //根据扇面编号填充颜色
    }
Wedge(i) --> //扇面规则
    case i = =24: color("#FFFFFF") X.      //内部圆面填充白色
    else: roofShed(10,1) color("#CCCCCC") X.    //生成灰色单坡屋面
```

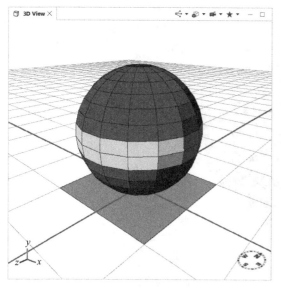

图 5-14　组件操作提取球面

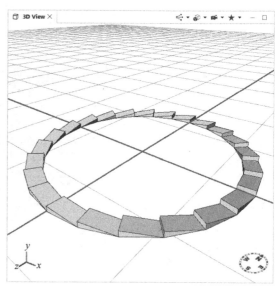

图 5-15　组件操作提取扇面

【例 5-16】使用组件操作提取边示例。下面的 CGA 代码演示了使用组件操作提取边的过程，生成的模型效果如图 5-16 所示。

```
version "2019.0"
//初始形状: 20m * 20m 矩形
@StartRule
Lot -->
    extrude(5)    //拉伸 5m
    comp(f){    //提取面, 以对象坐标系为参考
        7: color(1,0,0,0.6) A    //根据索引提取顶面
        |bottom: color(1,1,0) B. //底面
        |side: B.              //侧面
    }
A -->//顶面规则
    comp(e){    //提取边
        2 = color(0,1,0) C      //根据索引提取边, 填充绿色
        |all: C
    }
C -->//边规则
    primitiveQuad(22,1) extrude(1) X.//生成四边形后拉伸 1m
```

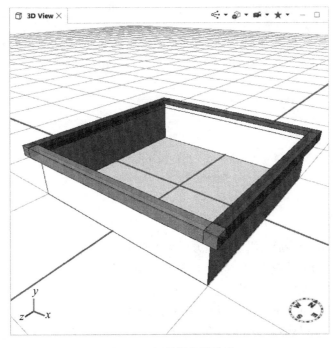

图 5-16　组件操作提取边

【例 5-17】使用组件操作提取顶点示例。下面的 CGA 代码演示了使用组件操作提取顶点的过程，生成的模型效果如图 5-17 所示。在该示例中，图 5-17a 为初始格网形状，通过使用 comp（v）操作提取边框顶点和内部顶点。边框顶点使用 primitiveCube（）操作和 color（）操作生成红色立方体，内部顶点利用同样的方法生成绿色立方体，最终效果如图 5-17b 所示。

```
version "2019.0"
//初始形状: 10m * 10m 格网矩形
@StartRule
Lot --> //提取顶点
    comp(v){
        border : VBorder    //边框顶点
        |inside : VInside    //内部顶点
    }
VBorder --> //边框顶点规则: 生成红色立方体
    color("#ff0000")    primitiveCube()    X.
VInside --> //内部顶点规则: 生成绿色立方体
    color("#00ff00")    primitiveCube()    X.
```

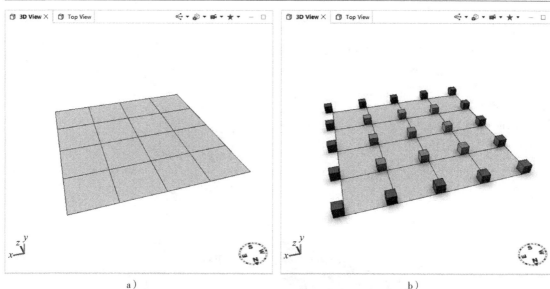

a)   b)

图 5-17　组件操作提取顶点

a) 初始格网形状　b) 最终效果

5.2.2　切割操作

　　split()切割操作用于将形状沿着特定方向切割成若干子形状，在 CGA 规则中，切割操作的类型主要有两种，分别为基于笛卡尔空间和纹理空间。

　　1）基于笛卡尔空间的 split()操作，基本语法为：

split(splitAxis) { size1 : operations1 | size2 : operations2 |
**　　　　… | sizen-1 : operationsn-1 }**

split(splitAxis) { size1 : operations1 | size2 : operations2 |
**　　　　… | sizen-1 : operationsn-1 } ***

split(splitAxis , adjustSelector) { size1 : operations1 |
**　　　　… | sizen-1 : operationsn-1 }**

split(splitAxis , adjustSelector) { size1 : operations1 |
**　　　　… | sizen-1 : operationsn-1 } ***

参数说明：

splitAxis：字符型关键字，表示切割方向，可取值为：$x \mid y \mid z$（以对象坐标系为参考）。

adjustSelector：字符型关键字，表示选择器（可选），用于控制所计算形状的范围，可取值为 adjust | noAdjust。其中 adjust 表示调整，为默认值，可将形状范围调整到几何体的边界框，而 noAdjust 则不同，它表示不调整，其生成的形状范围将完全填充父级形状的范围。

size：浮点型数据，表示切割尺寸，可以使用前缀操作符 "'" 和 "~"，单撇 "'" 表示相对值，如 "0.5" 表示原尺寸的 0.5 倍，波浪线 "~" 表示近似值，如 "~2" 表示近似 2m。

operations：表示在新形状上执行的一系列形状操作。

*：重复开关，表示重复执行。

🔊 **注意** split( ) 操作不能实现形状的径向切割，但可以使用 setback( ) 操作替代。

2）基于纹理空间的 spit( ) 操作，基本语法：

split（splitDirection，surfaceParameterization，uvSet）｛
　　　　size1：operations1｜…｜sizen-1：operationsn-1｝＊

参数说明：

splitDirection：字符型关键字，表示切割方向，可取值为：$u \mid v$（以范围坐标系为参考）。

surfaceParameterization：字符型关键字，表示平面空间类型，可取值为：uvSpace | unitSpace，前者为纹理空间，由 u-v 坐标轴定义，后者是 3D 几何图形表面上的 2D 空间，通常以 m 为单位。

uvSet：整型数据，表示纹理图层的索引，取值为 [0, 9]，其中常用值为 0，即表示颜色图。

【例 5-18】使用切割操作示例。下面的 CGA 代码演示了使用切割操作创建三维模型的过程，生成的模型效果如图 5-18 所示。在该示例中，首先对初始形状进行 extrude( ) 拉伸，然后使用 split( ) 操作沿 y 轴切割出形状 A、B、C。形状 A 使用 split( ) 操作沿 y 轴重复切割，形状 B 使用 split( ) 操作沿 x 轴重复切割，最终结果如图 5-18 所示。

```
version "2019.0"
//初始形状: 20m * 20m 矩形
@StartRule
Lot -->
    extrude(30) //拉伸形状
    split(y){    //沿 y 轴切割
        '0.5: color("#AAAAAA") A    //按原尺寸的 0.5 倍长度切割生成 A
        |10: color("#DDDDDD") B    //按 10m 切割生成 B
        | ~5: color("#FFFFFF") C.    //按近似 5m 切割生成 C
    }
A --> split(y){ ~5: X. }*    //沿 y 轴近似 5m 重复切割
B --> split(x){    //沿 x 轴切割
    2: X. //按 2m 切割
    |{4: color("#CCCCCC") X. }*    //按 4m 重复切割
    |2: X. //按 2m 切割
    }
```

【例 5-19】 使用切割操作构建楼房示例。下面的 CGA 代码演示了使用切割操作构建楼房模型的过程，生成的模型效果如图 5-19 所示。

```
version "2019.0"
//初始形状: 20m * 20m 矩形
@StartRule
Lot -->
    extrude(30) //拉伸形状
    split(y){   //沿 y 轴重复切割出楼层
        2: X. //底座
        |{3: Floor | ~1: X. }*  //重复切割出楼层及其间隔
    }
Floor --> //楼层规则
    split(x){ //沿 x 轴重复切割出墙体和窗户
        { ~0.5: Wall |2: Win}*  | ~0.5: Wall
    }
Wall --> //墙体规则
    split(z){ //沿 z 轴重复切割出窗户
        { ~0.5: X.  | 2: Win}*  | ~0.5: X.
    }
Win --> color("#CCCCCC")   //窗户规则
```

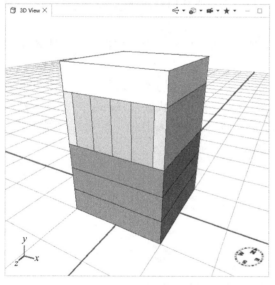

图 5-18　切割操作创建三维模型

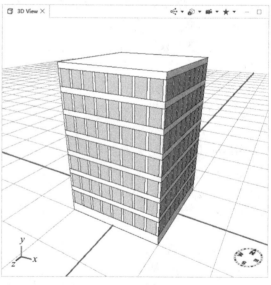

图 5-19　切割操作创建楼房模型

【例 5-20】 使用切割操作切割纹理示例。下面的 CGA 代码演示了使用切割操作切割纹理的过程，生成的模型效果如图 5-20 所示。在该示例中，首先通过 extrude( )拉伸操作构建三维几何体，并使用 comp( )组件操作提取背面（back）生成形状 Face，然后使用填充纹理操作：setupProjection( )，projectUV( )和 texture( )对形状 Face 进行贴图，关于这三种操作的详细用法请查看本书"第 6 章　CGA 纹理贴图操作"有关内容。最后使用 split( )切割操作对纹理进行横向切割，使用 extrude( )拉伸操作突出楼层之间的凹凸关系。

```
version "2019.0"
//初始形状: 20m * 20m 矩形
```

```
@StartRule
Lot -->
    extrude(25) //拉伸
    comp(f){ back: Face |side: Side. |top: Top. }//提取面
Face --> //填充纹理
    setupProjection(0, scope.xy, 20, 25) //设置投影
    projectUV(0)                         //建立投影空间
    texture("assets/wall.jpg")           //填充纹理
    vSplit                               //纹理规则
//////////////////////////////////////////////////////////
vSplit --> //纹理规则
    split(v, unitSpace, 0) {             //横向纹理切割
        2.5: Floor                       //底座
        |{4.5: Floor |0.5: X. }          //1 层
        |{5.1: Floor |0.5: X. }*         //重复切割楼层
        | ~0.5: X.                       //顶层
    }
Floor --> extrude(0.5) X.
```

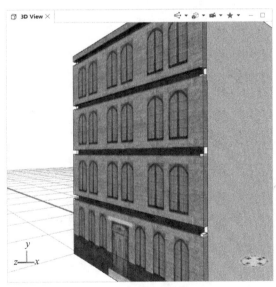

图 5-20　切割操作切割纹理

5.2.3　切割面积操作

splitArea( )切割面积操作用于将形状按面积大小切割成若干子形状，基本语法为：

splitArea(splitAxis) {

$\quad$ **area$_1$: operations$_1$ |…| area$_{n-1}$: operations$_{n-1}$** }

splitArea(splitAxis) {

$\quad$ **area$_1$: operations$_1$ |…| area$_{n-1}$: operations$_{n-1}$** } *

splitArea(splitAxis, adjustSelector) {

$\quad$ **area$_1$: operations$_1$ |…| area$_{n-1}$: operations$_{n-1}$** }

splitArea(splitAxis, adjustSelector) {

$$area_1 : operations_1 |\ldots| area_{n-1} : operations_{n-1} \} *$$

参数说明：

splitAxis：字符型关键字，表示切割方向，可取值为：$x \mid y \mid z$（以范围坐标系为参考）。

adjustSelector：字符型关键字，表示选择器（可选），用于控制所计算形状的范围，可取值为：adjust | noAdjust（调整 | 不调整）。

area：浮点型数据，表示切割面积，可以使用前缀操作符"'"和"～"，单撇"'"表示相对值，波浪线"～"表示近似值。

operations：表示在新形状上执行的一系列形状操作。

*：重复开关，表示重复执行。

【例 5-21】使用切割面积操作示例。下面的 CGA 代码演示了使用切割面积操作创建三维模型的过程，生成的模型效果如图 5-21 所示。

```
version "2019.0"
//初始形状: 20m * 20m 矩形
@StartRule
Lot -->
    splitArea(x){          //沿 x 轴按面积切割
        '0.5: extrude(15) A.    //按原尺寸的 0.5 倍面积切割生成 A
       |'0.3: extrude(10) B.    //按原尺寸的 0.3 倍面积切割生成 B
       |~5: extrude(20) C.     //按 5m² 切割生成 C
    }
```

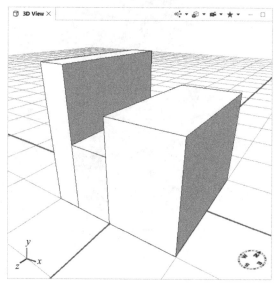

图 5-21　切割面积操作创建三维模型

5.2.4　偏移操作

offset()偏移操作用于多边形的内缩与外放，基本语法为：

offset(offsetDistance)

offset(offsetDistance, offsetSelector)

参数说明：

offsetDistance：浮点型数据，表示偏移的距离。

offsetSelector：字符型关键字，表示形状选择器，可取值为：all | inside | border，分别表示全部、内部和边框。

【例 5-22】使用偏移操作示例。下面的 CGA 代码演示了使用偏移操作创建三维模型的过程，生成的模型效果如图 5-22 所示。

```
version "2019.0"
//初始形状: 20m * 20m 矩形
@StartRule
Lot -->
    primitiveDisk(32, 8)    //生成圆形
    offset(1, border)       //通过偏移产生圆环
    extrude(y, 5)           //拉伸圆环
    color(1, 0, 0)          //填充红色
    X.
```

【例 5-23】使用偏移操作生成屋顶矮墙示例。下面的 CGA 代码演示了使用偏移操作创建屋顶矮墙的过程，生成的模型效果如图 5-23 所示。

```
version "2019.0"
//初始形状: 20m * 20m 矩形
@StartRule
Lot -->
    extrude(5)          //拉伸 5m
    comp(f){ top: A |side: X. | bottom: X. } //提取顶面、底面和侧面
A --> Top               //复制顶面
    offset( - 0.5, border) //内缩 0.5m 生成边框
    color(1, 0, 0)      //填充红色
    extrude(y, 1)       //拉伸 1m
    X.
Top --> X. //顶面规则
```

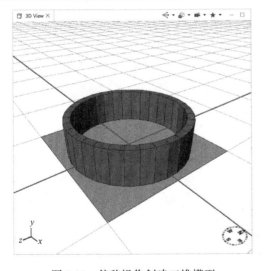

图 5-22　偏移操作创建三维模型

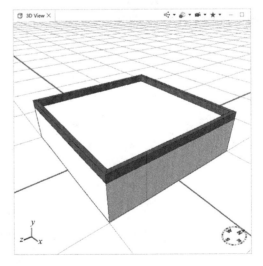

图 5-23　偏移操作生成屋顶矮墙

5.2.5　后退操作

setback()后退操作用于多边形的内缩，基本语法为：

setback(setbackDistance) {

　　selector operator operations|selector operator operations ... }

setback(setbackDistance, **uvSet**) {

　　selector operator operations|selector operator operations ... }

setback(setbackDistances) {

　　selector operator operations|selector operator operations ... }

setback(setbackDistances, **uvSet**) {

　　selector operator operations|selector operator operations ... }

参数说明：

setbackDistance：浮点型数据，表示后退距离。

uvSet：整型数据，表示纹理图层的索引，取值为 [0,9]，其中常用值为 0，即表示颜色图。

其他参数同组件操作 comp( )。

提示 使用 setback( ) 操作可以实现形状的径向切割效果。

【例 5-24】使用后退操作示例。下面的 CGA 代码演示了使用后退操作创建三维模型的过程，生成的模型效果如图 5-24 所示。

```
version "2019.0"
//初始形状: 20m * 20m 矩形
 @StartRule
Lot -->
    setback(2) {
        side:Grass //后退 2 米的距离生成草地
        |remainder : Building //剩余生成建筑物
    }
Grass  --> color("#00ff00") extrude(0.1) X. //草地规则
Building --> extrude(10) X. //建筑物规则
```

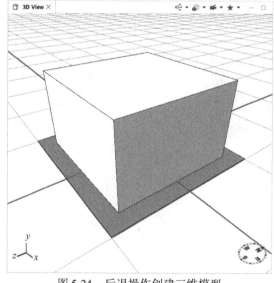

图 5-24　后退操作创建三维模型

【**例 5-25**】使用后退操作生成圆形露天看台示例。下面的 CGA 代码演示了使用后退操作创建圆形露天看台的过程，生成的模型效果如图 5-25 所示。在示例中，起始规则调用了一个自定义的带参规则 Ring，在该规则中使用了条件判断 case-else 来实现 Ring 的循环调用。在 case 条件中，使用 setback( ) 后退操作依次内缩多边形的各个边，从而形成等间距的径向切割效果。关于自定义带参规则及使用条件判断的详细用法请查看本书"第 8 章　CGA 程序结构与规则函数"有关内容。

```
version "2019.0"
//初始形状: 20m * 20m 矩形
@StartRule
Lot --> Ring(0)        //调用 Ring 规则,生成环状阶梯
Ring(i) -->            //Ring 规则
    case i < =8:  //生成 8 级阶梯
        setback(0.5) {
                side: extrude((5-i)* 0.3) X.  //后退 0.5 米的距离生成环状形状
                |remainder : Ring(i +1)         //剩余部分递归调用 Ring 规则
        }
    else: color(0, 1, 0) X. //中心区域填充绿色
```

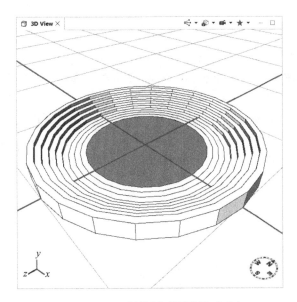

图 5-25　后退操作创建圆形露天看台

5.2.6　后退各边操作

setbackPerEdge( ) 后退各边操作用于内缩多边形指定边，基本语法为：

setbackPerEdge(setbackDistance) { selector operator operations|...}

setbackPerEdge(setbackDistance，uvSet) { selector operator operations|...}

参数说明：

setbackDistance：浮点型数据，表示后退距离。

uvSet：整型数据，表示纹理图层的索引，取值为 [0, 9]，其中常用值为 0，即表示颜色图。

其他参数同组件操作 comp( )。

提示 类似 setback( ) 操作，使用 setbackPerEdge( ) 操作也可以实现形状的径向切割效果，且比 setback( ) 更灵活。

【例 5-26】使用后退各边操作示例。下面的 CGA 代码演示了使用后退各边操作创建三维模型的过程，生成的模型效果如图 5-26 所示。

```
version "2019.0"
//初始形状: 20m * 20m 矩形
@StartRule
Lot -->
    setbackPerEdge(4) {          //后退各边
        front = Building          //前面生成楼房
        |back = Grass             //背面生成草地
        |left = Grass             //左面生成草地
        |right = Building         //右面生成楼房
        |remainder = Building     //其他生成楼房
    }
Grass  --> color("#00FF00") extrude(0.1) X. //草地规则
Building --> extrude(10) Y.                  //楼房规则
```

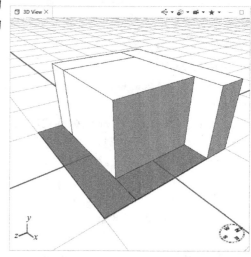

图 5-26　后退各边操作创建三维模型

【例 5-27】使用后退各边操作生成露天阶梯示例。下面的 CGA 代码演示了使用后退各边操作创建露天阶梯的过程，生成的模型效果如图 5-27 所示。在该示例中，首先使用 setbackPerEdge( ) 后退各边操作按方位选择器将初始形状分割出草地、阶梯和楼房形状，然后对草地、阶梯和楼房分别赋予相应规则。在阶梯规则中，调用了自定义带参规则 Stair，在该规则中使用了条件判断 case-else 来实现 Stair 的循环调用。在 case 条件中，使用 setbackPerEdge( ) 后退各边操作依次内缩多边形的 back 边，并使用 extrude( ) 操作进行相应拉伸，从而形成阶梯效果。关于自定义带参规则及使用条件判断的详细用法请查看本书"第 8 章　CGA 程序结构与规则函数"有关内容。

```
version "2019.0"
//初始形状: 20m * 20m 矩形
@StartRule
Lot -->
    setbackPerEdge(4) {               //后退各边
        left: Grass                   //左面生成草地
        |right: Grass                 //右面生成草地
        |back: Stair(0)               //背面生成阶梯
        |remainder: extrude(10) X.    //其他生成楼房
    }
Stair(i) --> //Stair 规则
    case i < =10: //生成 10 级阶梯
        setbackPerEdge(0.4) {         //后退各边
            back: extrude(0.2 * i) X. //拉伸
            |remainder: Stair(i +1)   //递归调用 Stair
        }
    else: color(0, 1, 0) X. //中心区域填充绿色
Grass  --> color("#00FF00") extrude(0.1) X. //草地规则
```

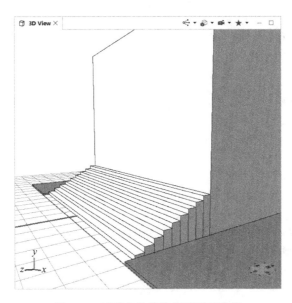

图 5-27　后退各边操作创建露天阶梯

5.2.7　L 型操作

shapeL( )操作用来绘制 L 型形状，基本语法为：

shapeL（frontWidth，leftWidth）{

　　　selector operator operations|selector operator operations

}

参数说明：

frontWidth：浮点型数据，表示 L 型形状前翼深度，即正面内凹深度。

leftWidth：浮点型数据，表示 L 型形状左翼宽度。

selector：字符型关键字，表示形状选择器，可取值为：shape | remainder。前者表示生成的 L 型形状，后者为剩余的形状。

operator：定义形状选择器如何用于生成后继形状。有效的运算符为 " : " 和 " = "。前者表示根据形状选择器选定的每个形状都可放入一个新形状中，后者表示与选择器对应的所有形状将合并为一个新形状。

operations：表示在新形状上执行的一系列形状操作。

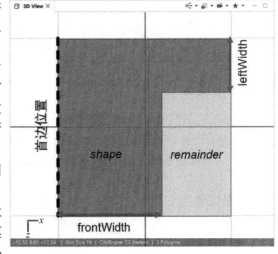

图 5-28　L 型初始形状的首边位置

　　使用 shapeL( )操作绘制的形状与初始形状的首边位置有关，如图 5-28 所示。在实际建模中，可根据实际情况使用主菜单中的 "Shape（形状）" → "Set First Edge（设置首边）" 操作设置初始形状的第一条边位置以确定 L 型的形状。

【例 5-28】使用 L 型操作示例。下面的 CGA 代码演示了使用 L 型操作创建三维模型的过程，生成的模型效果如图 5-29 所示。

```
version "2019.0"
//初始形状: 20m * 20m 矩形
@StartRule
Lot -->
    shapeL(8,12){ //生成 L 型形状
        shape: Building   //L 型生成楼房
        |remainder: Grass //其他生成草地
    }
Building --> extrude(10) X.          //楼房规则
Grass --> extrude(0.1) color(0,1,0) X. //草地规则
```

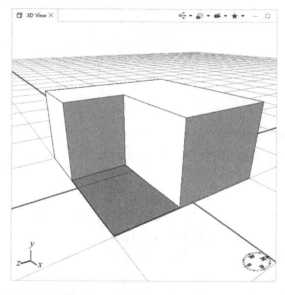

图 5-29　L 型操作创建三维模型

5.2.8　U 型操作

shapeU( ) 操作用来绘制 U 型形状，基本语法为：

shapeU(frontWidth，rightWidth，leftWidth)｛

　　selector operator operations｜selector operator operations

｝

参数说明：

frontWidth：浮点型数据，表示 U 型形状前翼深度，即正面内凹深度。

rightWidth：浮点型数据，表示 U 型形状右翼宽度。

leftWidth：浮点型数据，表示 U 型形状左翼宽度。

selector：字符型关键字，表示形状选择器，可取值为：shape｜remainder。前者表示生成的 U 型形状，后者为剩余形状。

operator：定义形状选择器如何用于生成后继形状。有效的运算符为"："和"="。前者表示根据形状选择器选定的每个形状都可放入一个新形状中，后者表示与选择器对应的所有形状将合并为一个新形状。

operations：表示在新形状上执行的一系列形状操作。

使用 shapeU( )操作绘制的形状同样与初始形状的首边位置有关，如图 5-30 所示。在实际建模中，可根据实际情况重设首边位置以确定 U 型形状。

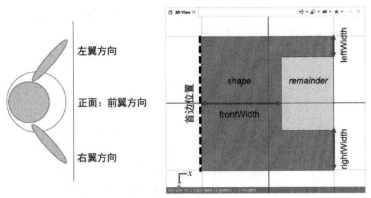

图 5-30　U 型初始形状的首边位置

【例 5-29】使用 U 型操作示例。下面的 CGA 代码演示了使用 U 型操作创建三维模型的过程，生成的模型效果如图 5-31 所示。

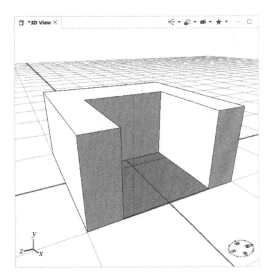

```
version "2019.0"
//初始形状: 20m * 20m 矩形
@StartRule
Lot -->
    shapeU(8,4,4){ //生成 U 型形状
        shape: Building   //U 型生成楼房
        |remainder: Grass //其他生成草地
    }
Building --> extrude(10) X.          //楼房规则
Grass --> extrude(0.1) color(0,1,0) X. //草地规则
```

图 5-31　U 型操作创建三维模型

5.2.9　O 型操作

shapeO( )操作用来绘制 O 型形状，基本语法为：

shapeO（frontWidth，rightWidth，backWidth，leftWidth）{
　　selector operator operations|selector operator operations
}

参数说明：

frontWidth：浮点型数据，表示 O 型形状前翼深度，即正面内凹深度。

rightWidth：浮点型数据，表示 O 型形状右翼宽度。

backWidth：浮点型数据，表示 O 型形状后翼宽度。

leftWidth：浮点型数据，表示 O 型形状左翼宽度。

selector：字符型关键字，表示形状选择器，可取值为：shape | remainder。前者表示生成的 O 型形状，后者为剩余形状。

operator：定义形状选择器如何用于生成后继形状。有效的运算符为"："和" ="。前者表示根据形状选择器选定的每个形状都可放入一个新形状中，后者表示与选择器对应的所有形状将合并为一个新形状。

operations：表示在新形状上执行的一系列形状操作。

使用 shapeO( )操作绘制的形状同样与初始形状的首边位置有关，如图 5-32 所示。在实际建模中，可根据实际情况重设首边位置以确定 O 型形状。

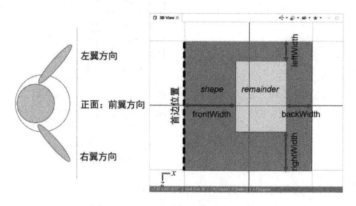

图 5-32　O 型初始形状的首边位置

【例 5-30】使用 O 型操作示例。下面的 CGA 代码演示了使用 O 型操作创建三维模型的过程，生成的模型效果如图 5-33 所示。

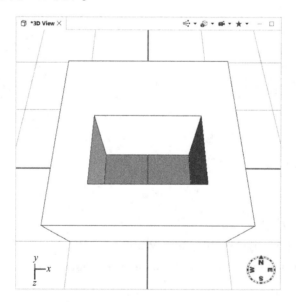

图 5-33　O 型操作创建三维模型

5.2.10　随机点操作

scatter( )操作用于在一定范围内生成一定数量的随机点（其实是小正方形形状），基本语法为：

scatter（domain，nPoints，distributionType）｛ operations ｝

scatter（domain，nPoints，gaussian，scatterMean，scatterStddev）｛ operations ｝

参数说明：

domain：字符型关键字，表示随机点生成的区域，可取值为：surface｜volume｜scope（面｜体｜范围）。其中，surface 表示随机点在模型的表面上生成；volume 表示随机点在模型的封闭空间体内生成，当不封闭时在模型的表面上生成；scope 表示随机点在模型的范围内生成。

nPoints：浮点型数据，表示生成随机点的数量。

distributionType：字符型关键字，表示随机点的分布类型，可取值为：uniform｜gaussian（均匀分布｜高斯分布）。

scatterMean：字符型关键字，如果是高斯分布，表示随机点的分布方位，可取值为：center｜front｜back｜left｜right｜top｜bottom（中心｜前｜后｜左｜右｜顶｜底），默认值为 center。

scatterStddev：浮点型数据，表示随机点的分布标准差。

【例 5-31】使用随机点操作示例。下面的 CGA 代码演示了使用随机点操作创建三维模型的过程，生成的模型效果如图 5-34 所示。

```
version "2019.0"
//初始形状: 20m * 20m 矩形
@StartRule
Lot --> //在形状表面上生成随机点
    scatter(surface,20,gaussian,center,10){ Tree }//生成树
Tree --> //Tree 规则
    s(4,8,4)   //对随机点进行缩放
    center(xz) //居中
    i("models/tree/tree.obj") //插入外部模型
    color(0,1,0) //填充绿色
```

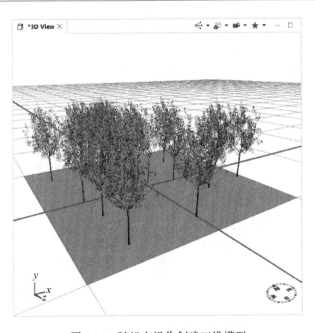

图 5-34　随机点操作创建三维模型

5.3 操控几何体操作

5.3.1 反向法线操作

reverseNormals( )反向法线操作用于对当前形状的法线进行反向处理，基本语法为：

reverseNormals( )

【例5-32】使用反向法线操作示例。下面的
CGA 代码演示了使用反向法线操作控制形状的法
线方向的过程，生成的模型效果如图5-35所示。
在该示例中，初始形状（图5-35a）的法线垂直
向上，经 reverseNormals( )操作后，该形状的法
线方向变为垂直向下（图5-35b）。

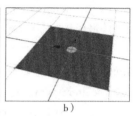

图 5-35 反向法线操作控制法线方向
a）初始形状 b）操作后

```
version "2019.0"
//初始形状: 20m * 20m 矩形
@StartRule
Lot --> reverseNormals() X. //反向法线
```

5.3.2 删除孔洞操作

deleteHoles( )删除孔洞操作用于删除当前形状中的孔洞，基本语法为：

deleteHoles( )

【例5-33】使用删除孔洞操作示例。下面的 CGA 代码演示了使用删除孔洞操作创建新形
状的过程，生成的模型效果如图5-36所示。在该示例中，初始形状（图5-36a）包含2个孔
洞，经 deleteHoles( )操作后，生成的新形状没有任何孔洞（图5-36b）。

```
version "2019.0"
//初始形状: 20m * 20m 矩形,包含2个孔洞
@StartRule
Lot -->
    deleteHoles() //删除孔洞
    color("#CCCCCC") A.
```

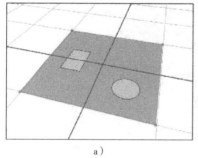
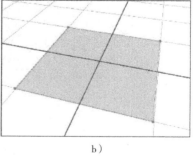

图 5-36 删除孔洞操作创建新形状
a）初始形状 b）操作后

5.3.3　清理几何体操作

cleanupGeometry( )清理几何体操作用于清理当前形状的冗余几何体，基本语法为：

cleanupGeometry(componentSelector , tol)

参数说明：

componentSelector：字符型关键字，表示清理类型，可取值为：vertices | edges | faces | all（点 | 边 | 面 | 全部）。其中，vertices 表示合并顶点并删除共线顶点，edges 表示合并顶点并移除共面之间的共享边，faces 表示合并顶点并删除重复的面，并以较小的面积简化面，all 表示清理所有组件。

tol：浮点型数据，表示清理的容差，取值范围为 [0, 1]。当 tol =0 时，仅清理能匹配到的组件，要求顶点相同，边缘共线，面共面或具有零面积的几何体才能被清理。当 tol = 1 时，将合并最大距离为 1m 的顶点，清理夹角最大为 10° 的共线边，删除法线夹角最大为 10° 的公共面，移除面积最大为 $1m^2$ 的碎面。

cleanupGeometry( )操作的目的在于不更改模型外观的情况下优化几何体的网格数据结构，简化多边形和顶点数量。与之相关的一些 CGA 操作可能需要配合清理操作，比如 setNormals( ) 和 softenNormals( ) 操作需要合并重复的顶点，以便使用相邻的面法线来计算顶点法线。

【例 5-34】使用清理几何体操作示例。下面的 CGA 代码演示了使用清理几何体操作创建新形状的过程，生成的模型效果如图 5-37 所示。在该示例中，初始形状（图 5-37a）包含 3 个相邻的矩形，经 cleanupGeometry( )操作后，生成的新形状没有任何相邻矩形，这实际上等价于对初始形状的相邻矩形做了一次形状合并操作（图 5-37b）。

```
version "2019.0"
//初始形状: 20m * 20m 矩形,包含 3 个相邻矩形
@StartRule
Lot -->
    cleanupGeometry(all, 1) //清理几何体
    color("#CCCCCC") X.
```

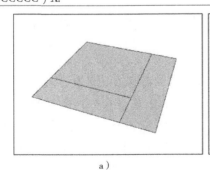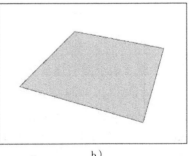

a)　　　　　　　　　　　b)

图 5-37　清理几何体操作创建新形状

a) 初始形状　b) 操作后

5.3.4　凸多边形操作

convexify( )凸多边形操作用于将凹多边形拆分为多个凸多边形，基本语法为：

convexify( )

convexify(maxLength)

参数说明：

maxLength：浮点型数据，表示将凹多边形拆分为子面分割线的最大长度。如果未提供，则不施加限制，即生成的多边形都是凸多边形。

【**例 5-35**】使用凸多边形操作示例。下面的 CGA 代码演示了使用凸多边形操作分割凹多边形的过程，生成的模型效果如图 5-38 所示。在该示例中，初始形状（图 5-38a）为凹多边形，经 convexify() 操作后，生成的新形状包含了 2 个凸多边形（图 5-38b）。

```
version "2019.0"
//初始形状: 凹多边形
@StartRule
Lot -->
    convexify() //分割凹多变形为凸多边形
    color("#CCCCCC") A.
```

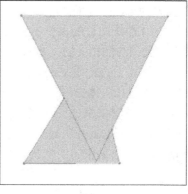

a）   b）

图 5-38　凸多边形操作分割凹多边形

a）初始形状　b）操作后

5.3.5　校正操作

rectify() 操作用于自动校正部分倾斜多边形为规则多边形，基本语法为：

rectify(angle)

参数说明：

angle：浮点型数据，表示倾斜边与直角的最大偏差，取值范围为 [0，45]。

🔊 **注意** rectify() 操作不能保证在所有情况下都能获得良好的预期结果，在某些情况下，该操作会删除孔洞或者创建自相交形状。

【**例 5-36**】使用校正操作示例。下面的 CGA 代码演示了使用校正操作生成新形状的过程，生成的模型效果如图 5-39 所示。在该示例中，初始形状（图 5-39a）为不规则 L 矩形，经 rectify() 操作后，生成的新形状对初始形状的倾斜边进行了适当校正（图 5-39b）。

```
version "2019.0"
//初始形状: 20m * 20m 不规则 L 矩形
@StartRule
Lot -->
    convexify() //生成凸多边形
    color(1,0,0,0.3)
```

rectify(10) //校正倾斜多边形

A.

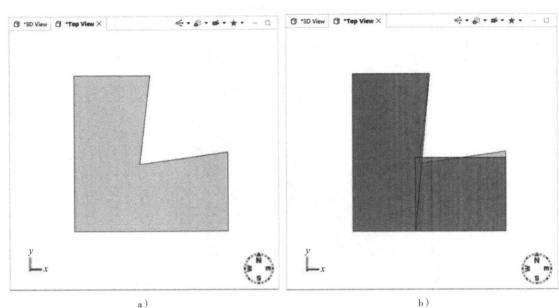

a)　　　　　　　　　　　　　　　　　　b)

图 5-39　校正操作生成新形状

a) 初始形状　b) 操作后

5.3.6　软法线操作

　　softenNormals( ) 软法线操作用于将当前形状的法线设置为软模式，以便在视图中将形状边缘处理为软边缘，该操作实际上是将多面体的材质渲染效果处理为曲面效果，基本语法为：

　　softenNormals(angle)

　　参数说明：

　　angle：浮点型数据，表示对于每个形状顶点，使用相邻面法线的平均值。当相邻面法线的夹角低于该角度时，形状边缘将被软化处理；当面法线夹角大于或等于该角度时，形状边缘将被硬化处理。当设置角度为 0° 时，等价于 setNormals(hard) 操作，当设置角度为 30° 时，等价于 setNormals(auto) 操作，当设置角度为 180°，等价于 setNormals(soft) 操作。

　　【例 5-37】使用软法线操作示例。下面的 CGA 代码演示了使用软法线操作渲染三维模型的过程，生成的模型效果如图 5-40 所示。在该示例中，球体实际上为多面体，但使用 softenNormals(30) 操作后，球体被渲染为曲面球体，即多面体边缘被软化处理。

```
version "2019.0"
//初始形状: 20m * 20m 矩形
@StartRule
Lot -->
    primitiveSphere(32,32) //生成球体
    color("#DDDDDD")   //填充灰色
    softenNormals(30)    //形状边缘软化处理
    A.
```

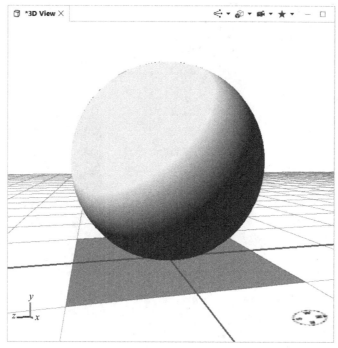

图 5-40　软法线操作渲染三维模型

5.3.7　设置法线操作

setNormals( )设置法线操作用于设置当前形状的法线模式，基本语法为：

setNormals(normalsMode)

参数说明：

normalsMode：字符型关键字，表示法线模式，可取值为：hard｜conform｜soft｜auto（硬质｜一致性｜软质｜自动）。其中，hard 表示使用面法线，等价于使用 softenNormals（0）操作；conform 与 hard 相同，但会计算一致性法线；soft 表示对于每个顶点使用相邻面法线的平均值，等价于使用 softenNormals（180）；auto 与 soft 相同，等价于使用 softenNormals（30）。

🔊 **注意** 使用 soft 模式和 auto 模式之前，应先将分开的形状进行合并（combine），并且合并重复的顶点，以便使用相邻的面法线来计算顶点法线，conform 模式不能保证在每种情况下都能成功。

【例 5-38】 使用设置法线操作示例。下面的 CGA 代码演示了使用设置法线操作渲染三维模型的过程，生成的模型效果如图 5-41 所示。在该示例中，球体实际上为多面体，且使用 setNormals（hard）操作后，球体边缘被硬化处理，最终显示为多面体。

```
version "2019.0"
//初始形状: 20m * 20m 矩形
@StartRule
Lot -->
    primitiveSphere(32,32)  //生成球体
    color("#DDDDDD")   //填充灰色
    setNormals(hard)      //形状边缘硬化处理
    A.
```

5.3.8　镜像操作

mirror( )操作用于对当前形状进行镜像处理，基本语法为：

mirror(xFlip，yFlip，zFlip)

参数说明：

xFlip，yFlip，zFlip：均为布尔型数据，分别表示沿 x 轴、y 轴、z 轴是否镜像处理，可取值为：true | false。

提示 ▶ mirror( )操作通常用于对插入的外部模型作进行镜像处理。

【例5-39】使用镜像操作示例。下面的 CGA 代码演示了使用镜像操作创建三维模型的过程，生成的模型效果如图 5-42 所示。在该示例中，导入的外部模型初始状态如图 5-42a 所示，显然需要对其沿 y 轴作镜像处理，最终生成的模型效果如图 5-42b 所示。

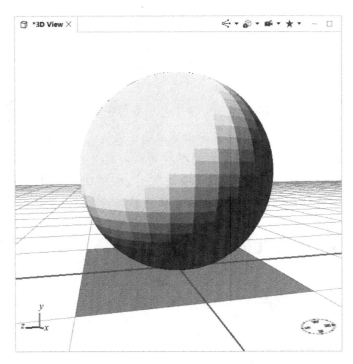

图 5-41　设置法线操作渲染三维模型

```
version "2019.0"
//初始形状: 20m * 20m 矩形
@StartRule
Lot --> i("models/tree/tree.obj") color(0,1,0) mirror(false，true，false)    //仅沿 y 轴翻转
```

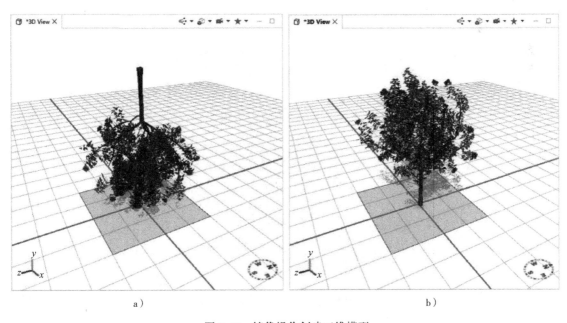

a)　　　　　　　　　　　　　　　　　　　　　b)

图 5-42　镜像操作创建三维模型
a) 初始状态　b) 操作后

5.3.9 修剪操作

trim()修剪操作用于对相互交叉的形状进行修剪处理，基本语法为：

trim()

🔊 **注意** 修剪操作主要应用于修剪平面。使用 CGA 相关操作可能会产生修剪平面，比如使用组件操作拆分形状后对生成的新形状进行变换处理产生形状交叉会产生修剪平面，再比如使用屋顶操作生成的屋檐和墙面的交叉也会产生修剪平面。另外，在主菜单的"Edit（编辑）"→"Preferences（首选项）"→"General（常规）"→"Procedural runtime preferences（程序运行时首选项）"中可对修剪平面进行参数配置。

5.4 变换几何体操作

5.4.1 平移操作

t()平移操作用于将形状沿指定长度进行平移，基本语法为：

t(tx, ty, tz)

参数说明：

tx, ty, tz：均为浮点型数据，分别表示沿 x 轴、y 轴、z 轴的平移距离（以对象坐标系为参考）。

【例 5-40】 使用平移操作示例。下面的 CGA 代码演示了使用平移操作创建三维模型的过程，生成的模型效果如图 5-43 所示。

```
version "2019.0"
//初始形状: 20m * 20m 矩形
@StartRule
Lot --> extrude(10) color(1,0,0,0.5) t(-10,0,10) A.     //沿 x 轴和 z 轴各平移 10 米
```

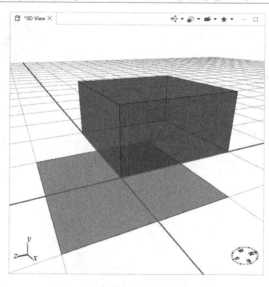

图 5-43　平移操作创建三维模型

5.4.2　缩放操作

s( )缩放操作用于将形状沿指定大小进行缩放，基本语法为：

s(xSize , ySize , zSize)

s(' xSize , ' ySize , ' zSize)

参数说明：

xSize，ySize，zSize：均为浮点型数据，分别表示沿 x 轴、y 轴、z 轴缩放后的实际尺寸。

' xSize，' ySize，' zSize：均为浮点型数据，分别表示沿 x 轴、y 轴、z 轴的缩放比值，符号 " ' " 表示按缩放比值进行缩放，即缩放后的实际尺寸等于该比值乘以形状的初始尺寸。

【例 5-41】使用缩放操作示例。下面的 CGA 代码演示了使用缩放操作创建三维模型的过程，生成的模型效果如图 5-44 所示。

```
version "2019.0"
//初始形状: 20m * 20m 矩形
@StartRule
Lot --> extrude(10) color(1,0,0,0.5) s('0.5,'1,'0.5) A. //沿 x 轴和 z 轴各缩小 0.5 倍，沿 y 轴保持不变
```

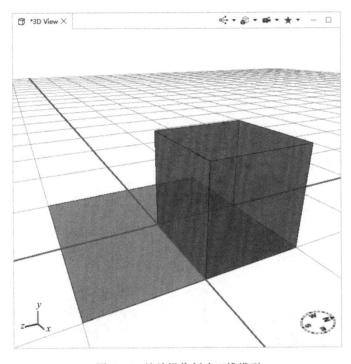

图 5-44　缩放操作创建三维模型

5.4.3　旋转操作

r( )旋转操作用于将形状沿指定角度进行旋转，基本语法为：

r(xAngle , yAngle , zAngle)

r(centerSelector , xAngle , yAngle , zAngle)

参数说明：

xAngle，yAngle，zAngle：均为浮点型数据，分别表示沿 x 轴、y 轴、z 轴旋转的角度。

centerSelector：字符型关键字，表示形状旋转中心，可取值为 scopeOrigin | scopeCenter。前者为默认参数，表示形状的范围坐标系原点，后者表示形状的范围坐标系中心点。

【例 5-42】使用旋转操作示例。下面的 CGA 代码演示了使用旋转操作创建三维模型的过程，生成的模型效果如图 5-45 所示。

```
version "2019.0"
//初始形状: 20m * 20m 矩形
@StartRule
Lot -->
    extrude(10) //拉伸 10m
    A B //复制形状分别生成 A 和 B
A --> //A 规则
    t( - 40,0,0) //将 A 沿 x 轴平移
    split(y){ //沿 y 轴切割
        ~4: X.
        //将形状绕起点进行旋转
        |{2: r(0,30,0) Y. } //按范围坐标系原点旋转
        |{2: r(0,60,0) Y. }
        |{2: r(0,90,0) Y. }
    }
B --> //B 规则
    split(y){ //沿 y 轴切割
        ~4: X.
        //将形状绕中心点进行旋转
        |{2: r(scopeCenter,0,30,0) Y. } //按范围坐标系中心点旋转
        |{2: r(scopeCenter,0,60,0) Y. }
        |{2: r(scopeCenter,0,90,0) Y. }
    }
```

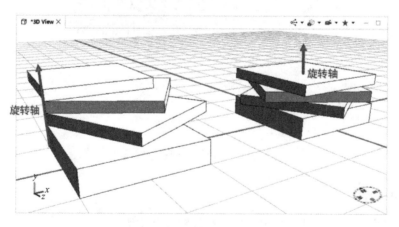

图 5-45　旋转操作创建三维模型

【例 5-43】使用旋转操作生成旋转楼梯示例。下面的 CGA 代码演示了使用旋转操作生成旋转楼梯的过程，生成的模型效果如图 5-46 所示。在示例中，首先对形状使用 extrude( ) 操作进行拉伸，然后使用 split( ) 操作重复分割楼梯，并将每个楼梯按范围坐标系原点进行 r( )

旋转。其中旋转角度使用了 split 的两个属性 index 和 total，关于该属性的详细用法请查看本书"第 7 章 CGA 属性及属性设置"中的有关内容。

```
version "2019.0"
//初始形状: 1.5m * 0.25m 矩形
@StartRule
Lot -->
    extrude(1.5) //拉伸形状
    split(y){
        0.1 : r(0, 96 * split.index/split.total, 0) X. //将形状绕 Scope 起点进行旋转
    }*
```

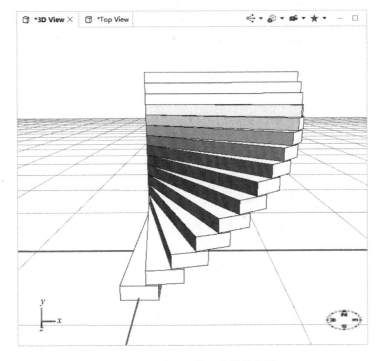

图 5-46　旋转操作生成旋转楼梯

5.4.4　平移变换操作

CGA 规则提供了通用型的 translate( ) 操作用于对形状进行平移变换，基本语法为：

translate(mode, coordSystem, x, y, z)

参数说明：

mode：字符型关键字，表示变换模式，可取值为：abs | rel（绝对 | 相对）。

coordSystem：字符型关键字，表示变换坐标系，可取值为：scope | pivot | object | world（范围 | 枢轴 | 对象 | 世界）。

x, y, z：均为浮点型数据，分别表示沿 x 轴、y 轴、z 轴的平移长度。如果模式为 abs，则平移变换视为绝对变换，其平移位置会被设置为 (x, y, z)。如果模式为 rel，则平移变换视为相对变换，会通过叠加变换矢量 (x, y, z) 完成平移。特别说明：**translate(rel, scope, x, y, z)** 操作等价于 **t(x, y, z)** 操作。

5.4.5 旋转变换操作

CGA 规则提供了通用型的 rotate( )操作用于对形状进行旋转变换，基本语法为：

rotate(mode, coordSystem, xAngle, yAngle, zAngle)

参数说明：

mode：字符型关键字，表示变换模式，可取值为：abs | rel（绝对 | 相对）。

coordSystem：字符型关键字，表示变换坐标系，可取值为：scope | pivot | object | world（范围 | 枢轴 | 对象 | 世界）。

xAngle，yAngle，zAngle：均为浮点型数据，表示沿 x 轴、y 轴、z 轴的旋转角度。如果模式为 abs，则旋转变换视为绝对变换，其最终旋转位置会被设置为(xAngle, yAngle, zAngle)。如果模式为 rel，则旋转变换视为相对变换，会通过叠加变换矢量(xAngle, yAngle, zAngle)完成旋转。特别说明：**rotate(rel, scope, xAngle, yAngle, zAngle)** 操作等价于 **r(xAngle, yAngle, zAngle)** 操作。

5.4.6 居中操作

center( )居中操作用于设置变换后的形状居于初始形状的中心，基本语法为：

center(axesSelection)

参数说明：

axesSelection：字符型关键字，表示居中参考轴系，可取值为 x | y | z | xy | xz | yz | xyz。参考轴系所表示的意义见表 5-2。

通常对形状进行平移、缩放、旋转等操作后，为了保证变换后的形状处于初始形状中心，通常需要对其进行居中处理。

表 5-2 居中操作轴系选择器取值说明

axesSelection	值域意义
x	形状居中到初始形状 scope 的 x 轴的中心
y	形状居中到初始形状 scope 的 y 轴的中心
z	形状居中到初始形状 scope 的 z 轴的中心
xy	形状居中到初始形状 scope 的 x 轴和 y 轴围成的平面中心
xz	形状居中到初始形状 scope 的 x 轴和 z 轴围成的平面中心
yz	形状居中到初始形状 scope 的 y 轴和 z 轴围成的平面中心
xyz	形状居中到初始形状的中心位置

【例 5-44】使用居中操作示例。下面的 CGA 代码演示了使用居中操作创建三维模型的过程，生成的模型效果如图 5-47 所示。

```
version "2019.0"
//初始形状: 20m * 20m 矩形
@StartRule
Lot -->
    extrude(10)        //拉伸形状
    color(1,1,1,0.6)   //填充白色
    s('0.5,'1,'0.5)    //沿 x 轴和 z 轴分别缩小 0.5 倍
    center(xz)         //在形状上居中显示
    A.
```

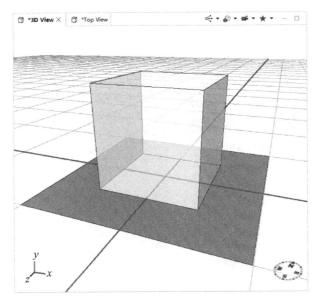

图 5-47　居中操作创建三维模型

5.5　屋顶操作

CGA 规则提供了基本的屋顶操作，用于生成常规的屋顶形状，包括单坡屋顶 roofShed( )，双坡屋顶 roofGable( )，四坡屋顶 roofHip( )和金字塔屋顶 roofPyramid( )等操作。

5.5.1　单坡屋顶操作

roofShed( )单坡屋顶操作用于生成单坡屋顶形状，基本语法为：

roof Shed(angle)

roof Shed(angle，index)

参数说明：

angle：浮点型数据，表示屋顶的坡角。

index：整型数据，表示坡顶首边的索引。

【例 5-45】创建单坡屋顶示例。下面的 CGA 代码演示了创建单坡屋顶的过程，生成的模型效果如图 5-48 所示。

```
version "2019.0"
//初始形状: 3m* 5m 矩形
@StartRule
Lot -->
    extrude(3) //拉伸 3m
    comp(f){ top: Top |side: X. } //提取顶面和侧面
Top --> //顶面规则
    roofShed(20,1) //生成单坡屋顶
    color(1,0,0)     //填充红色
```

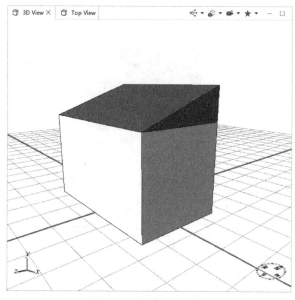

图 5-48　创建单坡屋顶

5.5.2　双坡屋顶操作

roofGable()双坡屋顶操作用于生成双坡屋顶形状，基本语法为：

roofGable(angle)

roofGable(angle,overhang)

roofGable(angle,overhangX,overhangY)

roofGable(angle,overhangX,overhangY,even)

roofGable(angle,overhangX,overhangY,even,index)

参数说明：

angle：浮点型数据，表示屋顶的坡角。

overhang：浮点型数据，表示坡面前后、左右方向延伸出来的屋檐长度。

overhangX：浮点型数据，表示坡面前后方向延伸出来的屋檐长度。

overhangY：浮点型数据，表示坡面左右方向延伸出来的屋檐宽度。

even：字符型关键字，表示是否处理成平面，可取值：true | false。当 even 为 true 时严格按照坡角生成屋顶，不满足的地方会处理成平面。

index：整型数据，表示屋顶山墙首边的索引，调整该值可以改变山墙的位置。其中，索引值处及其对应的边为山墙。

【例 5-46】创建双坡屋顶示例。下面的 CGA 代码演示了创建双坡屋顶的过程，生成的模型效果如图 5-49 所示。

```
version "2019.0"
//初始形状: 3m * 5m 矩形
@StartRule
Lot -->
    extrude(3) //拉伸 3m
    comp(f){ top: Top |side: X. }//提取顶面和侧面
Top --> //顶面规则
    roofGable(30,0.2,0.1) //生成双坡屋顶
    color(1,0,0)         //填充红色
```

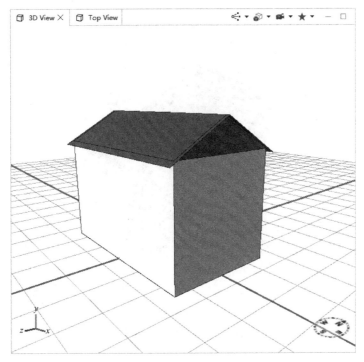

图 5-49　创建双坡屋顶

5.5.3　四坡屋顶操作

roofHip( )四坡屋顶操作用于生成四坡屋顶形状，基本语法为：

roofHip(angle)

roofHip(angle,overhang)

roofHip(angle,overhang,even)

参数说明：

angle：浮点型数据，表示屋顶的坡角。

overhang：浮点型数据，表示坡面延伸出来的屋檐宽度。

even：字符型关键字，表示是否处理成平面，可取值：true | false。当 even 为 true 时严格按照坡角生成屋顶，不满足的地方会处理成平面。

【**例 5-47**】创建四坡屋顶示例。下面的 CGA 代码演示了创建四坡屋顶的过程，生成的模型效果如图 5-50 所示。

```
version "2019.0"
//初始形状: 3m * 5m 矩形
@StartRule
Lot -->
    extrude(3) //拉伸 3m
    comp(f){ top: Top  |side: X. } //提取顶面和侧面
Top --> //顶面规则
    roofHip(30,0.2) //生成四坡屋顶
    color(1,0,0)     //填充红色
```

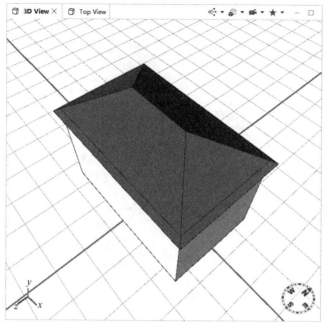

图 5-50 创建四坡屋顶

5.5.4 金字塔屋顶操作

roofPyramid( )金字塔屋顶操作用于生成金字塔屋顶形状，基本语法为：

roof Pyramid(angle)

参数说明：

angle：浮点型数据，表示屋顶的坡角。

【例 5-48】创建金字塔屋顶示例。下面的 CGA 代码演示了创建金字塔屋顶的过程，生成的模型效果如图 5-51 所示。

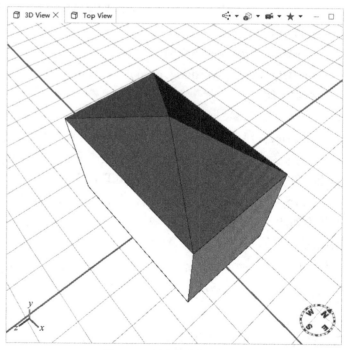

图 5-51 创建金字塔屋顶

```
version "2019.0"
//初始形状: 3m* 5m 矩形
@StartRule
Lot -->
      extrude(3) //拉伸 3m
      comp(f){ top: Top |side: X. } //提取
顶面和侧面
Top -->//顶面规则
      roofPyramid(20) //生成金字塔屋
顶
      color(1,0,0)      //填充红色
```

5.6　其他常用操作

5.6.1　对齐范围到轴线操作

alignScopeToAxes( )对齐范围到轴线操作用于控制形状的范围、枢轴和几何体属性，以使范围的坐标轴平行于通过轴向选择器设定的坐标轴，基本语法为：

alignScopeToAxes( )

alignScopeToAxes(axesSelector)

参数说明：

axesSelector：字符型关键字，表示坐标轴选择器，可取值为：

1）以世界坐标系为参考，设置坐标轴选择器为：x | y | z | world. x | world. y | world. z | world. xyz。

2）以对象坐标系为参考，设置坐标轴选择器为：object. x | object. y | object. z | object. xyz。

🔊**注意** 如果未指定 axesSelector 参数，则默认使用 world. xyz。

5.6.2　对齐范围到几何体操作

alignScopeToGeometry( )对齐范围到几何体操作用于控制形状的范围、枢轴和几何体属性，以使范围的坐标轴和新计算的定向边界框的坐标系保持一致。基本语法为：

alignScopeToGeometry(upAxis, faceIndex, edgeIndex)

alignScopeToGeometry(upAxis, faceSelector, edgeIndex)

alignScopeToGeometry(upAxis, faceIndex, edgeSelector)

alignScopeToGeometry(upAxis, faceSelector, edgeSelector)

参数说明：

upAxes：字符型关键字，表示上轴选择器，用于计算几何体的定向边界框，可取值为：yUp | zUp。

🔊**注意** xUp 不受支持。

faceIndex：浮点型数据，表示形状面的索引，用于计算几何体的定向边界框，从 0 开始。负索引会进行模校正，即 –1 表示最后一个面。

edgeIndex：浮点型数据，表示形状边的索引，用于计算几何体的定向边界框，从 0 开始。负索引会进行模校正，即 –1 表示最后一个边。边索引相对于所选面，该值可选，默认值为 0。

faceSelector：字符型关键字，表示面选择器，可取值为：world. lowest | largest | any。其中，world. lowest 表示采用世界坐标系中 y 值最低的面，largest 表示面积最大面，any（仅与 edgeSelector 配合使用）表示采用边选择器具有外部值的面。

edgeSelector：字符型关键字，表示边选择器，可取值为：world. lowest | longest。其中，world. lowest 表示采用世界坐标系 y 值最低的边，longest 表示采用长度最长边。

5.6.3 旋转范围操作

rotateScope( )旋转范围操作会围绕枢轴以 xyz 顺序旋转当前形状的范围，但不会旋转几何图形，基本语法为：

rotateScope(xAngle , yAngle , zAngle)

参数说明：

xAngle，yAngle，zAngle：均为浮点型数据，分别表示沿 x 轴、y 轴、z 轴的旋转角度。

【例 5-49】使用旋转范围操作示例。下面的 CGA 代码演示了使用旋转范围操作创建三维模型的过程，生成的模型效果如图 5-52 所示。在该示例中，初始形状经过形状运算后分别生成了形状 A 和形状 B，形状 B 的范围使用 rotateScope( )操作沿 y 轴旋转生成了形状 C。可以看出，形状 C 没有发生任何图形变化，但其范围坐标系（红轴-蓝轴构成的平面）发生了旋转。

```
version "2019.0"
//初始形状:20m * 20m 矩形
@StartRule
Lot -->//初始形状分别生成 A 和 B
    color("#CCCCCC")    A.  //A 形状填充灰色
    t(20,0,0)           B   //B 形状沿 x 轴平移 20m
B -->
    color("#FF0000")        //填充红色
    rotateScope(0,30,0)     C.  //沿 y 轴旋转范围 30 度
```

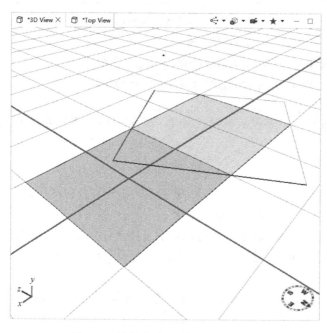

图 5-52　旋转范围操作创建三维模型

5.6.4 NIL 操作

NIL 操作用于从形状树中删除当前形状。可以在 split 操作中创建孔洞，或者终止递归规

则，基本语法：**NIL**

注意 NIL 操作无任何参数，也无括弧。

【例 5-50】使用 NIL 操作示例。下面的 CGA 代码演示了使用 NIL 操作进行程序建模的过程，生成的模型效果如图 5-53 所示。

```
version "2019.0"
//初始形状:20m * 20m 矩形
@StartRule
Lot -->
    split(x){ //沿 x 轴重复切割
        2: extrude(10) X. //拉伸 10m
        |1: NIL          //删除当前形状
    }*
```

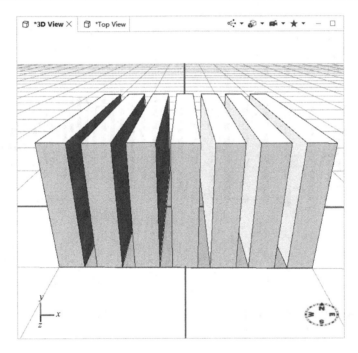

图 5-53　NIL 操作创建三维模型

【例 5-51】使用 NIL 操作构建围墙示例。下面的 CGA 代码演示了使用 NIL 操作构建围墙的过程，生成的模型效果如图 5-54 所示。

```
version "2019.0"
//初始形状:矩形地块,尺寸无要求
@StartRule
Lot -->
    s('1, '1, 0.2) //先将墙宽缩为 0.2 米
    center(xz)    //居中
    extrude(1.5) //纵向拉伸形状
    split(y){ 0.3: Bot. |1: Mid /* 栅栏*/ |0.2: Top }//按 y 轴切割出底座,中间栏杆和顶部
```

```
Top --> s('1, 0.025, 0.1) center(xz) //顶部适当缩放后居中
Mid --> //中间栏杆
    comp(f){ //保留顶面和底面,删除侧面
        top: rotateScope(0,0,180) Railings //顶面旋转范围后生成栏杆
        |bottom:Railings    //底面生成栏杆
        |side: NIL          //删除其他侧面
    }
Railings --> //栏杆
    color("#999999") //填充深灰色
    split(x){ 0.1: Bar |0.1: NIL }*   //逐段切割生成栅栏条
Bar --> //栅栏条
    primitiveCylinder(8,0.025,1.2) //插入圆柱体
    r(-90,0,0) //将圆柱体沿 x 轴旋转
    center(xz) //居中
```

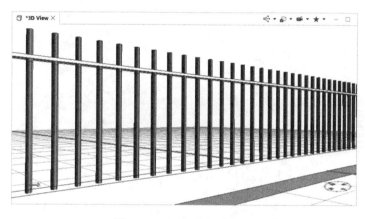

图 5-54   NIL 操作构建围墙

5.6.5   标签操作

label( )标签操作用于给形状贴上标签,可在各种与标签的上下文相关的查询中引用此形状,基本语法为:

label(labelStr)

参数说明:

labelStr:字符串数据,表示标签名的文本字符串。

🔊 **注意** label( )操作通常用于 CGA 规则的上下文查询。

5.6.6   打印操作

print( )打印操作用于打印指定的输出内容,基本语法为:

print(ctx)

参数说明:

ctx:表示输出内容,可以为浮点型、布尔型、字符型及相关数组等数据。

🔊 **注意** 使用 print( )操作打印的内容需在 "Console(控制台)" 中查看。

5.6.7　报告操作

report( )报告操作允许程序在模型生成期间收集任意数据，并显示在检查器的"Reports（报告）"面板中，基本语法为：

report(key，value)

参数说明：

key：字符串数据，表示报告集合中的关键字，可以与名称分隔符"."进行分组。

value：浮点型、布尔型或字符型数据，表示关键字对应的值。

【例 5-52】使用报告操作示例。下面的 CGA 代码演示了使用报告操作收集并输出关键字信息的过程，生成的模型效果及报告结果如图 5-55 所示。

```
version "2019.0"
//初始形状:20m * 20m 矩形
@StartRule
Lot -->
    extrude(20) //拉伸 20m
    report("height", geometry.height)    //使用 report()操作收集 height 信息
    comp(f){ top: A |side: X. }           //提取顶面和侧面
A -->
    extrude(10)                           //顶面拉伸 10m
    report("height", geometry.height)     //使用 report()操作收集 height 信息
```

Reports								
Report	N	%	Sum	%	Avg	Min	Max	NaNs
height	2	0.00	30.00	0.00	15.00	10.00	20.00	0

图 5-55　使用报告操作收集关键字 height 信息

第6章 CGA 纹理贴图操作

内容导读

　　本章讲解了使用 CGA 规则对形状进行纹理贴图的相关操作，主要包括设置投影、投影 UV、填充纹理、平移 UV、缩放 UV、旋转 UV、瓦片 UV 和删除 UV 等内容。

6.1　设置投影操作

　　setupProjection( )设置投影操作用来创建纹理的投影空间，设置纹理尺寸和纹理对应的坐标系图层，基本语法为：

setupProjection(uvSet , axesSelector , texWidth , texHeight)

setupProjection (uvSet , axesSelector , texWidth , texHeight ,
**　　　　　　widthOffset , heightOffset)**

setupProjection (uvSet , axesSelector , texWidth , texHeight ,
**　　　　　　widthOffset , heightOffset , uwFactor)**

　　参数说明：

　　uvSet：整型数据，表示要设置纹理层的索引（取区间 [0, 9] 中的整数），编号对应于材质属性的纹理图层，见表 6-1，常用值为 0（彩色图）。

　　axesSelector：字符型关键字，表示坐标轴选择器，即构建纹理投影空间需要指定的坐标轴。可取值为：

　　1) 以范围坐标系原点及轴向为参考，设置坐标轴选择器为：scope. xy | scope. xz | scope. yx | scope. yz | scope. zx | scope. zy。

　　2) 以世界坐标系原点及轴向为参考，设置坐标轴选择器为：world. xy | world. xz | world. yx | world. yz | world. zx | world. zy。

　　texWidth 和 texHeight：浮点型数据，表示世界坐标系下的纹理尺寸，可以使用 "'"（相对）和 "~"（近似）运算符，分别代表形状中的实际宽度和高度。另外，texWidth 和 texHeight 允许为负值，当为负值时，会做镜像处理。

　　widthOffset：浮点型数据，表示世界坐标系下 u 轴方向的偏移宽度。

　　heightOffset：浮点型数据，表示世界坐标系下 v 轴方向的偏移高度。

　　uwFactor：浮点型数据，表示贴图坐标系 uv-w 坐标下 w 轴与 u 轴之间的关联因子，默认值为 0。

　　在 uvSet 参数中，CityEngine 提供了十种纹理图层，分别为 "colormap（彩色图）" "bumpmap（凹凸图）" "dirtmap（脏图）" "specularmap（反光图）" "opacitymap（不透明图）"

"normalmap（法线图）""emissivemap（发射图）""occlusionmap（遮挡图）""roughnessmap（粗糙图）"和"metallicmap（金属图）"，其 uvSet 编号见表 6-1。

表 6-1　uvSet 中纹理图层索引

uvSet	纹理图层	uvSet	纹理图层	uvSet	纹理图层
0	colormap	4	opacitymap	8	roughnessmap
1	bumpmap	5	normalmap	9	metallicmap
2	dirtmap	6	emissivemap		
3	specularmap	7	occlusionmap		

6.2　投影 UV 操作

projectUV( ) 投影 UV 操作根据相应的投影矩阵来创建所选 uv 集合的纹理坐标，基本语法为：

projectUV(uvSet)

参数说明：

uvSet：整型数据，表示要设置纹理层的索引（取区间［0，9］中的整数），编号对应于材质属性的纹理图层，见表 6-1，且要与 setupProjection( ) 操作中的 uvSet 参数保持一致。

6.3　填充纹理操作

texture( ) 填充纹理操作用于为形状进行贴图，基本语法为：

texture(texPath)

参数说明：

texPath：字符串数据，表示要设置纹理图片的路径含文件名。

通过联合使用设置投影操作，投影 UV 操作和纹理操作，可以对一般形状进行纹理贴图，固定用法为：

```
Facade  -->              //指定贴图面
    setupProjection ()   //设置纹理图层,纹理投影面,纹理尺寸
    projectUV ()         //创建投影坐标系
    texture ()           //设置纹理贴图
```

【例 6-1】一般形状的纹理贴图。下面的 CGA 代码演示了一般形状的纹理贴图过程，生成的模型效果如图 6-1 所示。

```
version "2019.0"
//初始形状: 40m * 40m 矩形
@StartRule
Lot -->
    extrude(0.2)          //拉伸 0.2m
    comp(f){ all: Grass }  //提取所有面,生成草地
//为草地设置纹理
Grass -->
    setupProjection(0, scope.xy, 30, 30) //设置投影
    projectUV(0)                          //投影到 UV 空间
    texture("assets/grass.jpg")           //填充纹理
```

注意 当查看模型贴图时，需要在视图窗口中勾选"View settings（视图设置）"菜单中的"Textured（纹理化）"选项，如图 6-2 所示。

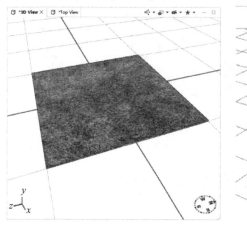

图 6-1　常规形状的纹理贴图效果　　　图 6-2　勾选纹理化选项查看模型贴图

6.4　平移 UV 操作

translateUV()平移 UV 操作用于将纹理图层沿 UV 轴进行平移，基本语法为：

translateUV(uvSet, uOffset, vOffset)

参数说明：

uvSet：整型数据，表示要设置纹理层的索引（取区间［0，9］中的整数），编号对应于材质属性的纹理图层，见表 6-1，常用值为 0（即彩色图）。

uOffset：浮点型数据，表示 u 轴平移距离。

vOffset：浮点型数据，表示 v 轴平移距离。

【例 6-2】使用平移 UV 操作示例。下面的 CGA 代码演示了使用平移 UV 操作进行纹理贴图的过程，生成的模型效果如图 6-3 所示。

```
version "2019.0"
//初始形状:20m * 20m 矩形
@StartRule
Lot --> extrude(20) split(y){ 8: A |2: B. |8: C } //拉伸后沿 y 轴切割分别生成 A、B、C
A --> comp(f){ top: T. | side: FA } //提取顶面和侧面,侧面生成 FA
C --> comp(f){ top: T. | side: FC } //提取顶面和侧面,侧面生成 FC
FA -->
    setupProjection(0,scope. xy,20,10) //设置投影
    projectUV(0)              //投影到 UV 空间
    texture("assets/win.jpg") //填充纹理
    X.
FC -->
    setupProjection(0,scope. xy,20,10) //设置投影
    projectUV(0)              //投影到 UV 空间
```

```
texture("assets/win.jpg")    //填充纹理
translateUV(0,0.1,0)         //沿 u 轴平移纹理
X.
```

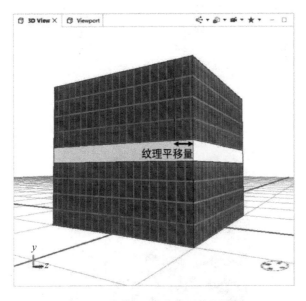

图 6-3　平移 UV 操作调整纹理贴图

6.5　缩放 UV 操作

scaleUV( )缩放 UV 操作用于对纹理图层进行缩放，基本语法为：

scaleUV(uvSet, uFactor, vFactor)

参数说明：

uvSet：整型数据，表示要设置纹理层的索引（取区间［0，9］中的整数），编号对应于材质属性的纹理图层，见表 6-1 所示，常用值为 0（即彩色图）。

uFactor：浮点型数据，表示沿 u 轴的缩放因子，值大于 1 为缩小，小于 1 为放大。

vFactor：浮点型数据，表示沿 v 轴的缩放因子，值大于 1 为缩小，小于 1 为放大。

【例 6-3】使用缩放 UV 操作示例。下面的 CGA 代码演示了使用缩放 UV 操作进行纹理贴图的过程，生成的模型效果如图 6-4 所示。

```
version "2019.0"
//初始形状：20m * 20m 矩形

@StartRule
Lot --> extrude(20) split(y){ 8: A |2: B. |8: C }  //拉伸后沿 y 轴切割分别生成 A、B、C
A --> comp(f){ top: T. | side: FA }  //提取顶面和侧面，侧面生成 FA
C --> comp(f){ top: T. | side: FC }  //提取顶面和侧面，侧面生成 FC
FA -->
    setupProjection(0,scope.xy,20,10)  //设置投影
    projectUV(0)                       //投影到 UV 空间
```

```
        texture("assets/win.jpg")    //填充纹理
        X.
FC -->
        setupProjection(0,scope.xy,20,10) //设置投影
        projectUV(0)                //投影到 UV 空间
        texture("assets/win.jpg")   //填充纹理
        scaleUV(0,2,1)              //沿 u 轴缩放纹理
        X.
```

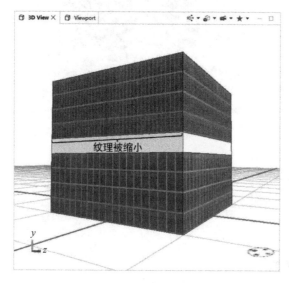

图 6-4   缩放 UV 操作调整纹理贴图

【例 6-4】 使用缩放 UV 操作对街道进行纹理贴图。下面的 CGA 代码演示了在街道图层上使用缩放 UV 操作对街道进行纹理贴图的过程，生成的模型效果如图 6-5 所示。值得注意的是，在街道图层上对道路形状进行贴图时，可直接使用 texture( )操作进行贴图。另外，在该示例中为获取道路 u 方向上的缩放量，使用了几何对象的派生函数 geometry. du( )来动态计算路段长度。

```
Version "2019.0"
//初始形状:街道边默认值
@StartRule
Road -->
    texture(" assets/roadc.jpg") //填充纹理
    scaleUV(0,geometry.du(0,unitSpace)/5, 0.5)   //沿 u/v 轴缩放纹理
    //函数 geometry.du(0, unitSpace)表示计算当前路段的长度
    //参数 unitSpace 表示取场景中的单位长度( 如米)
    translateUV(0, 1, 0.45)    //沿 u/v 轴适当平移纹理
@StartRule
//初始形状: 街道节点默认值
Joint -->
    texture(" assets/roadc.jpg") //填充纹理
    scaleUV(0,geometry.du(0,unitSpace)/7, 0.88) //沿 u/v 轴缩放纹理
```

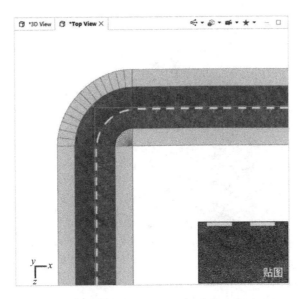

图 6-5　缩放 UV 操作调整街道纹理贴图

6.6　旋转 UV 操作

rotateUV ( ) 旋转 UV 操作用于旋转模型指定面贴图纹理的角度，基本语法为：

rotateUV (uvSet，rotAngle)

参数说明：

uvSet：整型数据，表示要设置纹理层的索引（取区间［0，9］中的整数），编号对应于材质属性的纹理图层，见表 6-1 所示，常用值为 0（即彩色图）。

rotAngle：浮点型数据，表示旋转角度。

【例 6-5】使用旋转 UV 操作示例。下面的 CGA 代码演示了使用旋转 UV 操作进行纹理贴图的过程，生成的模型效果如图 6-6 所示。

```
version "2019.0"
//初始形状: 20m * 20m 矩形
@StartRule
Lot -->
    extrude(15) //拉伸 15 米
    comp(f){ back: backFacade |top: facades |side: facades }//提取背面,顶面和侧面
facades -->//顶面和侧面
    setupProjection(0,scope.xy,10,10) //设置投影
    projectUV(0)           //投影到 UV 空间
    texture("assets/rock.jpg") //填充纹理
backFacade -->//背面
    setupProjection(0,scope.xy,10,10) //设置投影
    projectUV(0)           //投影到 UV 空间
    texture("assets/rock.jpg") //填充纹理
    rotateUV(0,30)          //纹理旋转 30 度
```

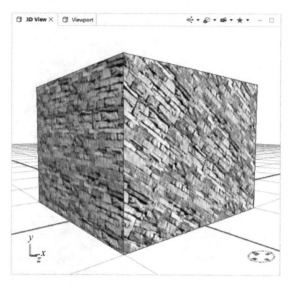

图 6-6 旋转 UV 操作调整纹理贴图

6.7 瓦片 UV 操作

tileUV( )瓦片 UV 操作会重新缩放所选 uv 集合的纹理坐标，以使 uv 空间对给定宽度和高度的纹理图层进行平铺，基本语法为：

tileUV(uvSet，texWidth，texHeight)

参数说明：

uvSet：整型数据，表示要设置纹理层的索引（取区间［0，9］中的整数），编号对应于材质属性的纹理图层，见表 6-1 所示，常用值为 0（即彩色图）。

texWidth：浮点型数据，表示纹理的宽度，代表形状走向上的长度，支持使用近似运算符" ~ "和相对运算符"'"。

texHeight：浮点型数据，表示纹理的高度，代表形状上的高度，支持使用近似运算符" ~ "和相对运算符"'"。

【例 6-6】使用瓦片 UV 操作示例。下面的 CGA 代码演示了在街道图层上使用瓦片 UV 操作对人行道形状进行纹理贴图的过程，生成的模型效果如图 6-7 所示。

```
version "2019.0"
//初始形状:街道默认值

@StartRule
Sidewalk -->
    extrude(0. 1)           //拉伸 10 厘米
    texture("assets/tile.jpg") //填充纹理
    tileUV(0,5,5)   //使用瓦片 UV 进行纹理缩放
```

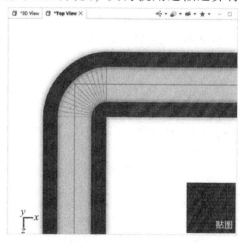

图 6-7 瓦片 UV 操作调整人行道纹理贴图

6.8　删除 UV 操作

deleteUV( )删除 UV 操作会删除给定 uvSet 的纹理坐标，基本语法为：

deleteUV(uvSet)

参数说明：

uvSet：整型数据，表示要设置纹理层的索引（取区间［0，9］中的整数），编号对应于材质属性的纹理图层，见表 6-1，常用值为 0（即彩色图）。

第7章 CGA 属性及属性设置

内容导读

　　本章首先介绍了 CGA 规则的内置形状属性，主要涉及组件、切割、材质、坐标系和修剪等属性，然后介绍了自定义规则属性和属性设置方法。

7.1　内置形状属性

　　CGA 规则提供了一系列内置形状属性，以此实现复杂的三维建模操作，主要包括：组件（comp）属性，切割（split）属性，材质颜色（material. color）属性，材质透明度（material. opacity）属性，材质（material）属性，对象坐标系（initialShape）属性，枢轴坐标系（pivot）属性，范围坐标系（scope）属性和修剪（trim）属性。

7.1.1　组件属性

　　comp 组件属性提供有关形状被拆分后的组件的信息，具体包括：

string comp.sel

float comp.index

float comp.total

参数说明：

sel：表示描述组件拆分选择器的字符串。

index：表示当前形状在依据选择器生成的形状组中的编号。

total：表示依据选择器生成的形状总数。

【例 7-1】使用组件属性示例。下面的 CGA 代码演示了使用组件属性输出各面编号的过程，生成的模型效果如图 7-1 所示。

```
version "2019.0"
//初始形状:20m * 20m 矩形
@StartRule
Lot -->
    extrude(10)    //拉伸 20m
    comp(f){    //提取各面
        all: print("face_id: " + comp.index + ", total: " + comp.total)    //输出各面编号
            X.
    }
```

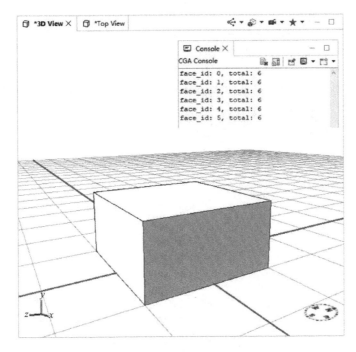

图 7-1　使用组件属性获取各面编号

【**例 7-2**】使用组件属性创建飞镖盘示例。下面的 CGA 代码演示了使用组件属性创建飞镖盘模型的过程，生成的模型效果如图 7-2 所示。在该示例中，通过 offset( ) 偏移操作分层内缩产生等间距圆环，然后对圆环利用 comp( ) 组件操作提取扇面并依据组件属性填充颜色。在填充颜色操作中，使用了条件判断 case-else 语句和自定义带参规则 Wedge( )。关于条件判断和自定义带参规则请查看本书"第 8 章　CGA 程序结构与规则函数"中的有关内容。

```
version "2019.0"
//初始形状: R =1m 圆形
@StartRule
Lot -->
    offset( -0.4) //内缩 0.4,产生圆环和内圆
    Ring1          //第 1 层圆环
Ring1 -->
    comp(f){       //提取所有扇面
        all:print("Wedge1 ID: " + comp.index) //打印扇面编号
            Wedge1(comp.index)      //根据扇面编号填充颜色
    }
Wedge1(i) --> //自定义扇面带参规则
    case i == 24: rotateScope(90,0,0) Disk   //内圆旋转范围后生成 Disk
    case i%2 == 0: color("#FFFFFF")          //偶数编号填充白色
    else: color("#CCCCCC") X.
Disk -->
    offset( -0.4) //内缩 0.4,产生圆环和内圆
    Ring2          //第 2 层圆环
Ring2 -->
```

```
comp (f){ //提取所有扇面
    all: print("Wedge2 ID: " + comp.index) //打印扇面编号
        Wedge2(comp.index)    //根据扇面编号填充颜色
}
Wedge2(i) --> //自定义扇面带参规则
    case i = = 24: X.                //内圆
    case i%2！= 0: color("#FFFFFF") //奇数编号填充白色
    else: color("#CCCCCC") X.
```

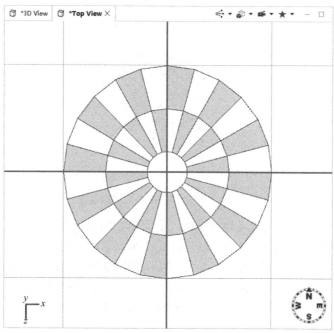

图7-2　使用组件属性创建飞镖盘

7.1.2　切割属性

split 切割属性提供了形状被切割后的相关信息，主要为：

float split.index

float split.total

参数说明：

split. index：表示被切割的当前形状的索引编号，从 0 开始。

split. total：表示被切割后的形状总数。

🔊 **注意** split 属性均无法被设置，只能用来读取。

【**例7-3**】使用切割属性创建楼梯示例。下面的 CGA 代码演示了使用切割属性创建直跑楼梯的过程，生成的模型效果如图7-3 所示。

```
version "2019.0"
//初始形状:1. 5m * 0. 25m 矩形
@StartRule
Lot -->
```

```
extrude(1) //拉伸形状
split(y){   //沿 y 轴重复切割
    0.1: t(-split. index/split. total * 2.5,0,0) X.  //根据切割属性编号沿 x 轴逐渐后移
}*
```

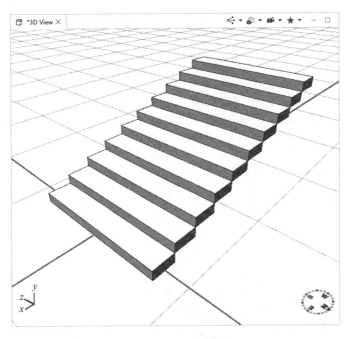

图 7-3　使用切割属性创建楼梯

7.1.3　材质颜色属性

material. color 提供了材质的颜色属性，基本语法为：

float material.color.r

float material.color.g

float material.color.b

string material.color.rgb

参数说明：

material. color：表示模型材质的漫反射颜色，该属性可被 set( ) 函数设置。

r, g, b, rgb：分别表示颜色红色通道、绿色通道、蓝色通道和 16 进制颜色字符串文本。

7.1.4　材质透明度属性

material. opacity 提供了材质的透明度属性，基本语法为：

float material.opacity

参数说明：

material. opacity：表示模型材质的透明度，取值范围为 ［0，1］，其中 0 表示透明，1 表示不透明。该属性可被 set( ) 函数设置。

【例 7-4】使用材质颜色及透明度属性示例。下面的 CGA 代码演示了使用材质颜色及透明度属性进行三维建模的过程，生成的模型效果如图 7-4 所示。

```
version "2019.0"
//初始形状: 20m * 20m 矩形
@StartRule
Lot -->
      extrude(5)        //拉伸 5m
      color(0,1,0,0. 6) //设置颜色和透明度
      print("r: " + material.color.r)     //红色通道
      print("g: " + material.color.g)     //红色通道
      print("b: " + material.color.b)     //红色通道
      print("rgb: " + material.color.rgb) //16 进制颜色字符串
      print("o: " + material.opacity)     //透明度
      X.
```

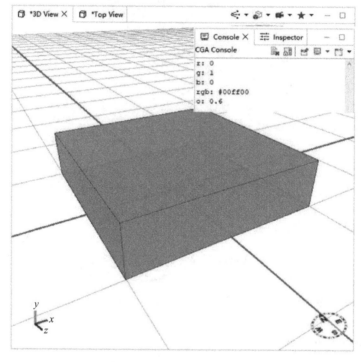

图 7-4　使用材质颜色和透明度属性模型效果

7.1.5　材质属性

材质属性用来控制形状的明暗和纹理。CityEngine 支持十个具有固定语义的纹理通道。这些通道属性包括"name（材质名称）""shader（着色器）""color（颜色）""ambient（环境光）""specular（镜面光）""emissive（发射光）""opacity（透明度）""reflectivity（反射率）""shininess（发光度）""bumpValue（凹凸值）""metallic（金属度）""roughness（粗糙度）""colormap | bumpmap | dirtmap | specularmap | opacitymap | normalmap（纹理通道）"以及其他。这些属性均可被 set( ) 函数进行设置（表 7-1）。其中函数：

set(material. colormap，"纹理路径") 等价于 texture（"纹理路径"）。

可见，texture( )填充纹理操作是一种简化的 colormap 属性设置函数。

表 7-1 材质属性

属性	描述
string material. name	材质名称
string material. shader	着色器名称，默认值为 CityEngineShader。将其设置为 CityEnginePBR-Shader 表示使用基于物理的材质渲染
float material. color. {r｜g｜b}	材质颜色，默认为白色
string material. color. rgb	材质颜色，以十六进颜色字符串 "#RRGGBB" 表示
float material. ambient. {r｜g｜b}	环境光颜色，默认为黑色（表示无环境光）
float material. specular. {r｜g｜b}	镜面光颜色，默认为黑色（表示无镜面光）
float material. emissive. {r｜g｜b}	发光颜色，默认为黑色（表示不发光）
float material. opacity	透明度，1 为完全不透明，0 为完全透明，默认值为 1
float material. reflectivity	反射率，0 为无反射，1 为全反射（在 "环境设置" 中设置的 "反射贴图"）。另外，反射率取决于镜面反射颜色，默认的黑色表示没有反射
float material. shininess	发光度（冯氏镜面反射指数），取值范围为 [0, 128]
float material. bumpValue	凹凸值，控制凹凸缩放的比例因子（结合 material. bumpmap 使用）
float material. metallic	金属度，控制金属性因子（结合 material. metallicmap 使用）。0 表示介电材料，1 表示金属材料，默认值为 0
float material. roughness	粗糙度（结合 material. roughnessmap 使用），0 表示完全光滑的材料，1 表示完全粗糙的材料，默认值为 1
string material. colormap｜bumpmap｜dirtmap｜specularmap｜opacitymap｜normalmap｜emissivemap｜occlusionmap｜roughnessmap｜metallicmap	纹理通道的贴图文件路径

【例 7-5】玻璃幕墙建模示例。下面的 CGA 代码演示了使用材质属性创建玻璃幕墙的过程，生成的模型效果如图 7-5 所示。所谓玻璃幕墙（Reflection Glass Curtainwall），是指支承结构相对主体结构有一定位移能力，不分担主体结构受力作用的建筑外围保护结构或装饰结构。在 CGA 规则中，通过设置材质的颜色、透明度、镜面光、发光度和反射率等属性可实现玻璃幕墙的特效。

```
version "2019.0"
//初始形状: 20m * 20m 矩形
@StartRule
Lot -->
    extrude(30) //拉伸 30m
    split(y){ 5: floor_slice  |{ ~4: floor_slice}* } //沿 y 轴切割出底层和中间楼层
floor_slice --> //楼层
    comp(f){ top: color(0.5,0.5,0.5) X. |side: floor_side } //提取顶面和侧面
floor_side --> //侧面
    split(x){ ~2: floor_win }* //沿 x 轴重复切割窗户
```

```
floor_win --> //窗户
    offset(-0.1) //内缩,拉伸出框架
    comp(f){ border: color(0.2,0.2,0.2) frame. |inside: glass }//提取框架和玻璃
glass --> //玻璃
    color("#6892d7")                //设置玻璃墙颜色
    set(material.opacity,0.7)       //设置透明度
    set(material.specular.r,0.6)    //设置镜面光
    set(material.specular.g,0.6)    //设置镜面光
    set(material.specular.b,0.6)    //设置镜面光
    //set(material.shininess,64)    //设置发光度
    set(material.reflectivity,0.3)  //设置反射率
```

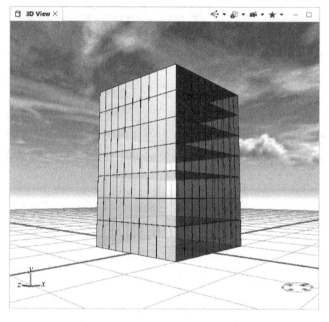

图 7-5　使用材质属性创建玻璃幕墙

7.1.6　对象坐标系属性

initialShape 属性描述形状的对象坐标系，并由位置向量 p（原点）和方向向量 o（轴向）定义，此外还包括一些其他属性，具体为：

string initialShape.name

string initialShape.startRule

float initialShape.origin.p{x|y|z}

float initialShape.origin.o{x|y|z}

参数说明：

name：表示形状的名称。

startRule：表示形状设置的起始规则。

ox，oy，oz：表示方向分量，分别被定义为围绕 x、y 和 z 轴以度为单位的有序旋转，原点相对于 initialShape.origin。

px，py，pz：表示位置分量，相对于世界坐标系的 x、y 和 z 坐标。

7.1.7　枢轴坐标系属性

pivot 属性描述形状的枢轴坐标系，并由位置向量 p（原点）和方向向量 o（轴向）定义，具体包括：

float pivot.p{**x|y|z**}

float pivot.o{**x|y|z**}

参数说明：

ox，oy，oz：表示方向分量，分别被定义为围绕 x、y 和 z 轴以度为单位的有序旋转。原点相对于 initialShape. origin。

px，py，pz：表示位置分量，相对于对象坐标系的 x、y 和 z 坐标。类似 CityEngine 的世界坐标系，pivot 描述了一个 xz-y 右手坐标系。

7.1.8　范围坐标系属性

scope 属性表示相对于枢轴的空间中当前形状的定向边界框，由三个向量来表示：平移向量 t，旋转向量 r 和尺寸向量 s，具体包括：

float scope.t{**x|y|z**}

float scope.r{**x|y|z**}

float scope.s{**x|y|z**}

float scope.elevation

参数说明：

scope. t | r | s：表示平移、旋转和尺寸向量，且以 x | y | z 为后缀，该属性可被读取和写入。

scope. elevation：表示包含当前形状范围原点的海拔高度（以 m 为单位），该高度与 CityEngine 坐标系的 y 坐标值相同，但是该高度只能读取，无法被 set( ) 函数设置。

7.1.9　修剪属性

trim 修剪属性用于控制各交叉形状的修剪方式，基本语法：

bool trim.{**horizontal|vertical**}

在 trim 属性应用中，修剪平面通常根据 split 创建，并使用 primitive 操作或 trim 操作进行处理。修剪平面的分类取决于用于定义修剪平面的边缘的方向（即两个组件分割面之间的共享边缘），如果与枢轴的 xz 平面的角度小于 40°，则裁剪平面设为水平，否则为垂直。

默认情况下，水平修剪平面为禁用状态，可以使用 set（trim. horizontal，true）函数启用。修剪属性在创建屋顶时经常使用。

7.2　自定义规则属性

CGA 规则支持自定义属性以此来简化函数中的参数调用和提高模型交互显示效果。在规则中，若某个变化值经常被重复性调用，可被定义为属性变量，简称为属性，语法为：

attr var = value|expression

若某个恒量值经常被重复性调用，可被定义为常量，语法为：

const var = value | expression

🔊 **注意** 属性和常量具有一定的区别。属性值可在"Inspector（检查器）"属性面板中进行设置，而常量值则不可以。另外当 attr 及 const 关键字缺失时，所定义的属性或常量会被 CGA 认为是自定义无参函数。

【**例 7-6**】使用自定义属性及常量示例。下面的 CGA 代码演示了使用自定义属性和常量进行三维建模的过程，生成的模型效果如图 7-6 所示。在该示例中，定义了两个属性变量 h_1 和 h_2 用于控制几何体的高度，定义常量 c 用于设置楼体的颜色。使用该规则文件生成模型后，属性变量 h_1 和 h_2 会在"Inspector（检查器）"属性窗口的"Rules（规则）"面板中自动显示，并被重新设置。如图 7-6 所示，初始两个属性值均为 10m，当 h_1 被设置为 15m 后，模型的显示效果随之发生变化。

```
version "2019.0"
//初始形状尺寸: 20m * 20m 矩形
attr h1 =10    //定义楼高属性 h1
attr h2 =10    //定义楼高属性 h2
const c ="#CCCCCC" //定义楼体颜色常量 c
@StartRule
Lot -->
    split(x){    //沿 x 轴切割为 A 和 B
        10: extrude(h1) A.         //拉伸 h1 生成 A
        | ~10: extrude(h2) color(c) B.  //拉伸 h2 着色生成 B
    }
```

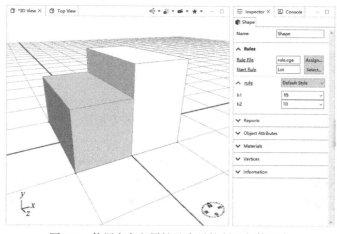

图 7-6　使用自定义属性及常量控制几何体形态

7.3　属性设置函数

set() 设置函数用来对属性进行设置，基本语法为：

set (attribute, bool value)

set (attribute, float value)

set (attribute, string value)

参数说明:

attribute: 表示内置属性或自定义属性名称。当设置自定义属性时, 通常需要在起始规则中设置。

【**例 7-7**】 属性设置示例。下面的 CGA 代码演示了使用 set ( ) 函数进行属性设置的过程, 生成的模型效果如图 7-7 所示。在该示例中, 对初始地块进行了自定义属性设置, 即 set (height, 20), 随后使用 extrude ( ) 操作将该地块沿面法线拉伸了 20m, 紧接着通过 split ( ) 切割操作分别生成形状 A 和形状 B。在形状 B 中, 通过设置内置属性, 即 set (material. opacity, 0.6), 对形状 B 的材质透明度进行了设置。

```
version "2019.0"
//初始形状尺寸: 20 * 20
attr height =0    //定义楼高属性 height
@StartRule
Lot -->
    set(height,20)    //设置属性 height
    extrude(height)   //拉伸 height
    split(y){         //沿 y 轴切割
        16: color(1,1,1,0.8) A.//填充白色,生成 A
        | ~4: B                //生成 B
    }
B -->
    offset( -5,inside)        //内缩 5m,生成内部几何体
    reverseNormals()         //反向法线
    extrude(4)               //拉伸 4m
    color(1,1,0)             //填充黄色
    set(material. opacity,0.6) //设置透明度
    C.
```

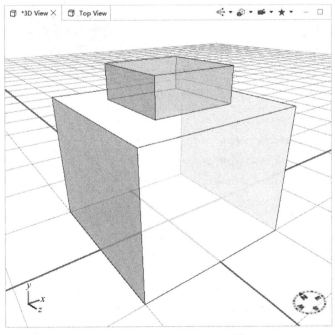

图 7-7　使用属性设置创建三维模型

第8章 CGA 程序结构与规则函数

内容导读

　　本章首先介绍了 CGA 程序结构，主要包括顺序结构、判断结构和循环结构，然后介绍了自定义带参规则和函数，最后介绍了外部规则文件的导入方法。

8.1 顺序结构

　　CGA 规则的顺序结构比较简单，按规则的执行方向和语句先后顺序，从左到右，从上到下按顺序执行。

　　【例8-1】顺序结构示例。下面的 CGA 代码演示了规则建模中程序语句的顺序结构，生成的模型效果如图 8-1 所示。

```
version "2019.0"
//初始形状: 20m * 20m 矩形
@StartRule
Lot --> A B        //初始形状被复制为 A 和 B
A -->              //A 形状
    t(0,0, -30)    //平移
    extrude(15)    //拉伸
    color(1,0,0)   //填充红色
    C.             //生成 C
B -->              //B 形状
    extrude(10)    //拉伸
    split(y){      //沿 y 轴切割生成 D 和 E
        6: color(0,1,0) D.    //填充绿色生成 D
        | ~4: color(1,1,0) E. //填充黄色生成 E
    }
```

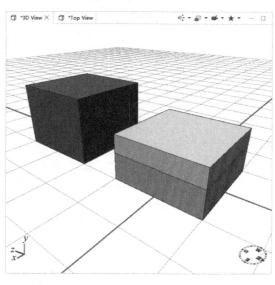

图 8-1　使用顺序结构创建三维模型

8.2 条件判断结构

　　CGA 规则提供了判断结构，用于将部分语句的顺序结构转变为分支结构。按判断类型的不同，CGA 规则的判断结构主要包括：条件判断和随机判断。

　　其中，条件判断是使用 case-else 语句来实现上下文语句的条件处理，其功能类似于其他计算机编程语言的 if-else 语句，基本语法为：

PredecessorShape ‒ ‒>
  　　case condition1：successor1
  　　case condition2：successor2
  　　　　　…
  　　else：successorN

参数说明：

PredecessorShape 为前驱形状符号，conditionX（$X = 1, 2, \cdots$）为条件参数，successorX（$X = 1, 2, \cdots, N$）为后继形状，包含参数运算、形状操作和形状符号。

【**例 8-2**】条件判断结构示例。下面的 CGA 代码演示了使用条件判断语句进行三维建模的过程，生成的模型效果如图 8-2 所示。在该示例中，几何体初始高度为 5m，因此根据条件判断应填充的颜色为绿色，如图 8-2a 所示。当几何体高度被设置为 8m 时，再依据条件判断，模型的颜色被设置为红色，如图 8-2b 所示。

```
version "2019.0"
//初始形状: 20m * 20m 矩形
attr height = 5                      //定义属性 height
@StartRule
Lot --> extrude(height) A            //拉伸后生成 A
A --> case height > 5: color(1,0,0) B.   //当 height > 5 时,填充红色
      else: color(0,1,0) C.              //否则填充绿色
```

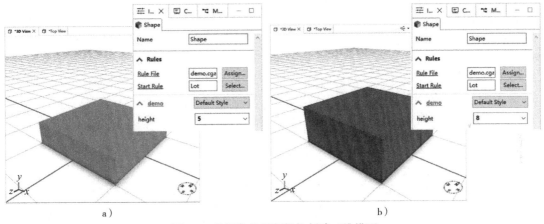

图 8-2　使用条件判断结构创建三维模型
a）绿色　b）红色

【**例 8-3**】使用条件判断生成圆形凉亭示例。下面的 CGA 代码演示了使用条件判断语句构建三维凉亭的过程，生成的模型效果如图 8-3 所示。在该示例中，首先将半径为 2m 的初始圆形通过 offset（）偏移操作内缩生成圆环和内圆，然后使用 comp（）组件操作提取圆环的扇面，利用条件判断将组件编号为偶数的扇面生成柱子，同时将内圆复制为顶面和底座。在底座建模中，通过使用 extrude（）拉伸、s（）缩放和 center（）居中等操作生成第一层台阶，然后再次使用 t（）平移、s（）缩放和 center（）居中等操作生成第二层台阶。在屋顶建模中，首先调整其范围坐标系，使之 y 轴向上，然后使用 t（）平移，s（）缩放，center（）居中和 extrude（）拉伸等操作生成顶面圆柱体。随后，利用 comp（）组件操作提取圆柱体顶面，在该顶面上使用 taper（）锥体操作创建锥形屋顶，并填充颜色。在柱体建模中，基于扇面形状使用 primitiveCylinder（）

操作生成圆柱，并使用 r( ) 操作旋转该柱体，最后通过 t( ) 操作适当平移，最终完成圆形凉亭的三维建模。

```
version "2019.0"
//初始形状: R =2m 圆形
@StartRule
Lot --> offset(-0.3) Ring    //内缩 0.3 米,生成圆环和内圆
Ring -->
    comp(f){ //提取所有面
        all:print("Wedge ID: " +comp.index) //输出扇形编号
            Wedge(comp.index)                //基于扇形生成柱子
    }
Wedge(i) --> //条件判断
    case i= =24:    //内部圆面
        Top          //生成顶面
        color("#CCCCCC") Bot //生成底座
    case i%2 = =0: //偶数扇面生成柱子
        Bar
    else: color("#CCCCCC") X.    //其他扇面填充灰色后生成 X
Bot --> //底座
    extrude(0.1)    //向上拉伸 0.1m
    s(4.5,'1,4.5)    //尺寸缩放为 4.5m * 4.5m
    center(xz)    //居中
    BotStep X.    //生成台阶和末端形状 X
BotStep --> //台阶
    t(0,0. 1,0)    //上移 0.1m
    s(4,'1,4)    //尺寸缩放为 4m * 4m
    center(xz)    //居中
Bar --> //柱子
    primitiveCylinder(16,0.1,2) //生成圆柱
    r(90,0,90)    //旋转几何体
    t(0,0. 1,0)    //上移 0.1m
Top --> //顶部
    rotateScope(90,0,90) //旋转范围坐标系,使之 y 轴向上
    t(0,2,0)    //上移 2m
    s(4.5,'1,4.5)    //尺寸缩放为 4.5m * 4.5m
    center(xz)    //居中
    Roof          //生成屋顶
Roof --> //屋顶
    extrude(0.1)    //拉伸 0. 1m
    comp(f){    //提取顶面、底面和侧面
        top: color("#FF0000") taper(1) X. //填充红色后生成圆锥顶 X
        |bottom: color("#CCCCCC") X.  //填充灰色后生成 X
        |side: X.                  //生成末端形状 X
    }
```

图 8-3　使用条件判断结构生成凉亭

8.3　随机判断结构

CGA 规则除了提供条件判断结构实现程序语句的分支功能外，还提供了随机判断结构，即使用 percentage% -else 语句实现随机状态下的程序分支，基本语法为：

PredecessorShape　– –>

　　percentage%：**Successor1**

　　percentage%：**Successor2**

　　　　…

　　else：**SuccessorN**

参数说明：

PredecessorShape 为前驱形状符号，percentage 表示各项的百分比，所有各项百分比之和不得大于 100，successorX（$X = 1, 2, \cdots, N$）为后继形状，包含参数运算、形状操作和形状符号。

🔊 **注意** 随机判断通常用于大规模场景的自动化建模。

【例 8-4】随机判断结构示例。下面的操作及 CGA 代码演示了使用随机判断语句进行三维建模的过程。

1）绘制随机地块。首先使用工具条中的"Rectangular shape creation（创建矩形形状）"工具 📇 绘制长为 200m、宽为 200m 的矩形形状，如图 8-4a 所示。然后单击主菜单的"Shapes（形状）"→ "Subdivide（细分）"按钮，打开"Subdivide（细分）"对话框，设置参数如图8-4b所示，单击"Apply（应用）"按钮。经细分后的形状转变为随机地块，如图8-4c所示。

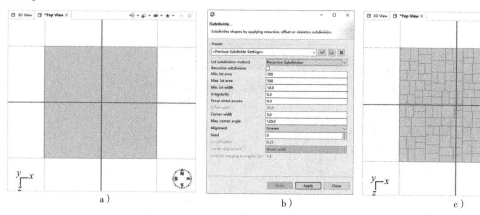

图 8-4　绘制随机地块
a）绘制矩形　b）设置参数　c）生成随机地块

2）新建 CGA 规则文件，编写代码如下。

```
version "2019.0"
//初始形状:200m* 200m 矩形,使用 Subdivide 工具生成随机形状
@StartRule
Lot -->//使用随机判断
    30%: extrude(30) color("#FFFFFF")    //30% 的地块拉伸 30m,填充白色
    40%: extrude(1) color("#00FF00")     //40% 的地块拉伸 1m,填充绿色
    else: extrude(10) color("#FF0000")   //剩余的地块拉伸 10m,填充红色
```

3）选中细分后的矩形，单击工具条上的"Assign rule file（配置规则文件）"按钮，为其分配起始规则，单击生成模型按钮 Generate 生成三维模型，如图 8-5 所示。

8.4　循环结构

与其他计算机编程语言不同，CGA 规则没有提供用于循环的 for 关键字和 while 关键字，但允许使用"递归"的方式实现循环结构。

8.4.1　使用重复开关 *

split( ) 切割操作具有重复开关符"＊"，可实现对形状的循环切割。

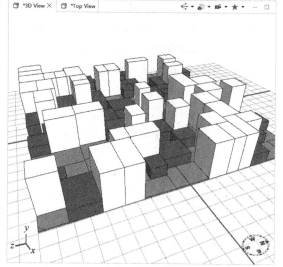

图 8-5　使用随机判断结构创建三维模型

【例 8-5】重复切割示例。下面的 CGA 代码演示了使用重复开关符"＊"创建 5 阶魔方的过程，生成的模型效果如图 8-6 所示。

```
version "2019.0"
//初始形状: 20m * 20m 矩形
@StartRule
Lot --> extrude(20) split(x){4: X}*    //拉伸 20m,沿 x 轴每隔 4m 重复切割
X --> split(y){4: Y}*                   //沿 y 轴每隔 4m 重复切割
Y --> split(z){4: Z.}*                  //沿 z 轴每隔 4m 重复切割
```

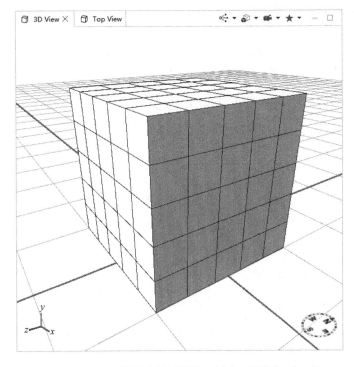

图 8-6　使用重复开关符 * 创建 5 阶魔方

8.4.2　递归调用一

CGA 规则允许使用递归调用先驱形状，实现循环结构，但要配合判断结构声明终止条件，基本用法 1:

PredecessorShape – –>

    case condition：　//循环终止条件

        operations　//形状操作

        SuccessorX　//循环终止形状

    else：

        operations　//形状操作

        Successor　//复制当前形状

        PredecessorShape　//递归调用

参数说明：

PredecessorShape 为前驱形状符号，condition 为循环终止条件，operations 为形状操作，SuccessorX 为循环终止形状，Successor 为复制当前形状。

【例 8-6】使用递归生成圆塔。下面的 CGA 代码演示了使用递归方法创建圆塔的过程，生成的模型效果如图 8-7 所示。在该示例中，首先将初始形状沿面法线拉伸 *h* 米后生成形状 Tower。Tower 规则使用了条件判断 case-else 语句实现递归调用。当生成的几何体顶面面积小于阈值 *a* 时，终止递归，否则进入递归环节。在递归中，首先复制当前形状，否则无法保留当前状态，然后是形状操作，包括使用 primitiveDisk( ) 操作生成圆形，使用 s( ) 操作缩放，使用 extrude( ) 操作拉伸，使用 t( ) 操作平移，使用 center( ) 操作居中，使用 print( ) 操作打印等，最后是调用先驱形状 Tower，以此实现循环。

```
version "2019.0"
//初始形状: 20m * 20m 矩形
attr h =1 //每层的高度
attr a =1 //顶面的面积


@StartRule
Lot --> extrude(h) Tower //拉伸 h 后生成 Tower
//递归调用,实现循环
Tower -->
    case geometry.area(top) < a:    //终止条件: 顶面面积小于 a
        color(1,0,0) X.          //填充红色生成 X
    else:
        S. //复制当前形状生成 S,用于其他操作
        primitiveDisk(32)        //生成圆形
        s('0. 8,'1,'0. 8)        //缩小 0. 8 倍
        extrude(h)               //拉伸 h
        t(0,h,0)                 //上移 h
        center(xz)               //居中
        print("area: " +geometry.area(top)) //输出当前形状面积
        Tower                    //递归调用先驱形状 Tower
```

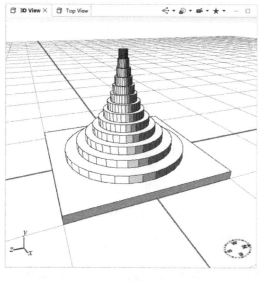

图 8-7　使用递归生成圆塔

8.4.3　递归调用二

在 CGA 规则中，实现循环结构除了使用上述的递归用法，还可以使用如下的用法规则：

PredecessorShape – –>
  case condition：　　//循环条件
   operations　　　//形状操作
   Successor　　　//复制当前形状
   PredecessorShape//递归调用
  else：
   operations　　　//形状操作
   SuccessorX　　//循环终止形状

参数说明：

PredecessorShape 为前驱形状符号，condition 为循环条件，operations 为形状操作，Successor 为复制当前形状，SuccessorX 为循环终止形状。

【例 8-7】使用递归生成方塔。下面的 CGA 代码演示了使用递归方法创建方塔的过程，生成的模型效果如图 8-8 所示。在该示例中，首先将初始形状拉伸 h 米，然后复制形状并提取顶面生成 Tower。Tower 规则使用了条件判断 case-else 语句实现递归调用。当生成的几何体边长大于阈值 stop 时，实现递归，否则使用 NIL 操作结束递归。在递归操作中，首先对形状进行相关操作，包括使用 s( ) 操作缩放，使用 center( ) 操作居中，使用 extrude( ) 操作拉伸等，然后复制当前形状，否则无法保留当前状态，最后使用 comp( ) 组件操作提取形状的顶面，并递归调用先驱形状 Tower，以此实现循环。

```
version "2019.0"
//初始形状: 20m * 20m 矩形
const zoom = 0.8 //缩放系数
const h = 1        //每层高度
const stop = 1     //顶层边长
@StartRule
Lot -->
    extrude(h)      //拉伸 h
    bot             //复制底座
    comp(f) { top: Tower} //提取顶面生成 Tower
//递归调用,实现循环
Tower -->
    case( scope.sx > stop) ://循环条件
        s('zoom, 'zoom, 0)   //缩放
        center(xy)           //居中
        extrude(h)           //拉伸
        S.                   //复制当前形状
    comp(f){top : Tower}     //递归调用
    else: NIL   //结束循环
```

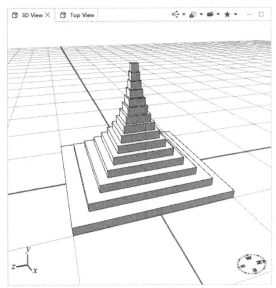

图 8-8　使用递归生成方塔

8.5 带参规则

CGA 规则为了优化代码设计结构及提高形状操作的复用性，允许使用自定义带参规则，基本语法为：

PredecessorShape(arg1 , arg2 , ⋯ , argN) – –> Successor

参数说明：

PredecessorShape 为前驱形状符号，argX（$X = 1, 2, \cdots, N$）为参数集，可以为字符串，数值型或布尔型数据，Successor 为后继形状，包含参数运算、形状操作和形状符号。

【例8-8】使用自定义带参规则示例。下面的 CGA 代码演示了使用自定义带参规则为几何体填充渐变颜色的过程，生成的模型效果如图8-9所示。

```
version "2019.0"
//初始形状: 20m * 20m 矩形
@StartRule
Lot -->
    extrude(20) //拉伸 20 米
    set(material.color.g, 0) //设置材质-颜色的绿色通道属性
    split(y){    //沿 y 轴每隔 2m 重复切割
        2: Floor(split.index, split.total)    //调用规则 Floor()
    }*
//自定义带参规则
Floor(index, total) -->    //参数：index 和 total
    set(material.color.r,index/total)    //设置材质-颜色的红色通道属性
    set(material.color.b,1-index/total) //设置材质-颜色的蓝色通道属性
    X.
```

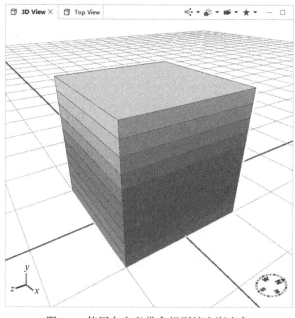

图 8-9　使用自定义带参规则填充渐变色

【例8-9】使用自定义带参规则实现循环结构示例。下面的 CGA 代码演示了使用自定义带参规则实现循环结构，并为几何体填充光谱色的过程，生成的模型效果如图 8-10 所示。在该示例中，自定义了带参规则 Colour( )，在该规则中，使用 case-else 语句实现循环条件的判断，在 case 条件中，使用 setback( )操作提取圆环，利用 color( )操作为之填充颜色，其中颜色值由色阶函数 color(colorRamp(" spectrum"，v))产生。关于色阶函数 colorRamp( )的详细用法请查看本书"第 9 章 CGA 常用内置函数"中的有关内容。

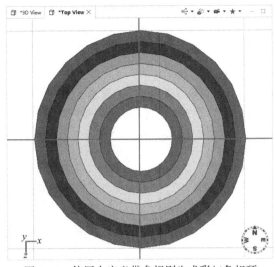

图 8-10 使用自定义带参规则生成彩虹色相环

```
version "2019.0"
//初始形状: 半径 R =10m 圆形
@StartRule
Lot --> Colour(0) //调用 Colour 规则
Colour(i) -->                //Colour 带参规则(循环结构)
    case i <7:          //生成 7 级圆环
        setback(1){ //使用 setback 提取圆环
            side: color(colorRamp("spectrum",i/7)) X.
            |remainder: Colour(i +1) //递归调用 Colour
        }
    else: color(1,1,1) X. //填充白色
```

8.6 自定义函数

CGA 规则为了优化代码设计结构及提高组件的复用性，允许使用自定义函数封装代码，基本语法为：

FunctionName(arg1 , arg2 , … , argN) = Operations

参数说明：

FunctionName 为自定义函数名，argX ($X =1, 2, …, N$)为参数集，可以为字符串、数值型或布尔型数据，Operations 为参数运算。

🔊 **注意** CGA 规则中的带参函数和带参规则是有区别的，带参函数通常具有返回值，不会改变当前形状，而带参规则无返回值，且会更改当前形状。当然，两者也具有相同点，即支持参数化、条件判断和随机判断。另外，当声明属性或常量前面无 attr 或 const 关键字时，该变量会被视为自定义无参函数。

【例8-10】使用自定义函数示例。下面的 CGA 代码演示了使用自定义函数创建模型的过程，生成的模型效果如图 8-11 所示。在该示例中，无关键字 attr 或 const 定义的变量会被视为自定义无参函数。在自定义函数 getColor( )中使用了条件判断语句 case-else 根据输入参数 h

返回对应颜色值。在自定义带参规则 shpOperation( ) 中对自定义函数 getColor( ) 进行了调用。

```
version "2019.0"
//初始形状: 20m * 20m 矩形
const h1 =5  //常量值
h2 =8       //无 attr 或 const 视为自定义无参函数
h3 =12      //无 attr 或 const 视为自定义无参函数
//自定义带参函数
getColor(h) =                    //h 为参数
    case h < =5: "#FF0000"           //返回红色
    case h >5 && h < =10:"#FFFF00"//返回黄色
    else: "#CCCCCC"                  //返回灰色
@StartRule
Lot -->
    split(x){ //沿 x 轴切割生成形状 A,B,C
        6: shpOperation(h1) A.
        |6: shpOperation(h2) B.
        | ~6: shpOperation(h3) C.
    }
//自定义带参规则
shpOperation(h) -->  //h 为参数
    extrude(h)           //拉伸 hm
    color(getColor(h)) //根据 h 值填充颜色
```

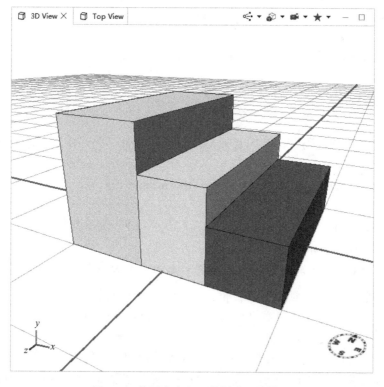

图 8-11　使用自定义函数创建三维模型

【**例 8-11**】使用自定义函数创建道路警示锥示例。下面的 CGA 代码演示了使用自定义函数创建道路警示锥的过程，生成的模型效果如图 8-12 所示。在该示例中，首先将初始形状分为底座和锥座。其中锥座先通过形状操作变为长方体，然后提取长方体顶面和侧面用于生成顶锥和侧面锥。在侧面锥的生成过程中，结合自定义无参函数，通过将长方体的四个侧面向内旋转一定角度生成四面锥并填充纹理。在顶锥的生成过程中，首先将长方体的顶面通过形状操作结合自定义函数和四面锥的顶面进行贴合，然后使用锥体函数生成顶锥并填充颜色。

```
version "2019.0"
//初始形状:0.48m* 0.48m 矩形


const texside = "assets/roadalert.jpg" //定义贴图路径
const H = 0.7    //定义路锥高度
const L = 0.3    //定义路锥底座边长
attr BH = 0.05 //定义底座高
attr TH = 0.02 //定义顶锥高


A = 10    //无 attr 或 const 关键字,视为自定义无参函数,侧面内旋角度
newL(H,A) = L-H * sin(A)* 2    //自定义有参函数,有返回值
newH(H,A) = H * cos(A)-H      //自定义有参函数,有返回值


Lot -->
    Bot //复制初始形状,生成底座
    //以下生成锥座
    s(L,'1,L) //缩放
    center(xz) //居中
    t(0,BH,0) //上移
    extrude(H) //拉伸
    comp(f){ top: Top | side: Side }//提取顶面和侧面
Bot --> //底座
    extrude(BH) color("#000000")    //拉伸 BH 后填充黑色
Side --> //侧面
    r(-A,0,0)    //向内旋转 A 角度
    trim()    //自动裁剪
    //print("side height: " + geometry.height)
    comp(f){ side: SideTex }    //提取侧面填充纹理
Top --> //顶面
    t(0,0,newH(H,A))    //调用函数,顶面下移
    s(newL(H,A),newL(H,A),'1)    //调用函数,顶面缩放
    center(xy)    //居中
    taper(TH)    //生成锥体
    color("#999999") //填充深灰色
```

```
SideTex -->//侧面贴图
    setupProjection(0, scope.xy, 0.3, 0.9) //设置投影
    projectUV(0) //投影到 UV 空间
    texture(texside) //填充纹理
```

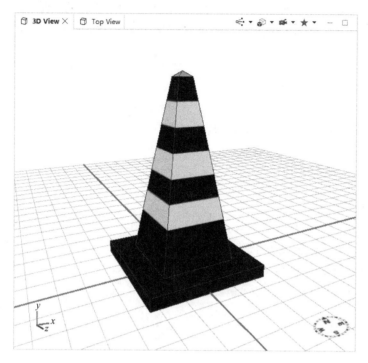

图 8-12 使用自定义函数生成道路警示锥

8.7 外部规则的导入

类似其他计算机编程语言，CGA 代码允许导入外部规则文件，以提高代码复用性，基本语法为：

① **import id ：filePath**

② **import id(style-id_1 , … , style − id_n) ：filePath**

③ **import id ：filePath(attribute_1 , … , attribute_n)**

④ **import id ：filePath(attribute_1 = value , … , attribute_n = value)**

⑤ **import id ：filePath( )**

参数说明：

id：字符串唯一标志，表示导入的规则、属性和函数的唯一标志。

filePath：CGA 规则文件的路径（包含文件名）。

通常，外部规则文件中的规则、属性和函数可以参照语法①通过"import"关键字导入到当前规则文件中，并使用 id 冠以前缀。

如果导入的规则文件包含多个样式，则默认情况下，所有样式都将被导入并且在样式管理器中可见。为了限制导入规则文件中可用的样式，可通过在导入 id 之后的括号中枚举导入

样式来指定导入样式集，参照语法②。

默认情况下，来自外部规则文件的属性值将传递到当前规则文件中，由于属性命名可能存在冲突，因此外部规则文件的属性可能被覆盖。为了解决该冲突，可在导入规则文件后面用括枚举属性以作保护，参照语法③。除了保护属性外，导入规则文件还可以通过使用表达式重新定义属性值，参照语法④。

此外，使用空括号可以保护所有导入的属性，参照语法⑤。

【例 8-12】导入外部规则文件示例。下面的操作过程及 CGA 代码演示了导入外部规则文件的过程，生成的模型效果如图 8-13 所示。

首先编写颜色规则文件代码如下所示，并保存为 colour. cga。

```
/* CGA File Name: colour. cga */
version "2019.0"
//common color - rule functions
@Description("Adjust v to obtain spectral color")
@Range(min =0, step =0. 1, max =1)
attr v =0.5 //default value of the colorRamp


//Customized Functions
//generate the spectral color
Spectrum  = colorRamp("spectrum", v)
Spectrum(v) = colorRamp("spectrum", v)


//Customized Rules
Red     --> color(1,0,0)      // red
Orange --> color(1,0.5,0)    // orange
Yellow --> color(1,1,0)      // yellow
Green  --> color(0,1,0)      // green
Cyan   --> color(0,1,1)      // cyan
Blue   --> color(0,0,1)      // blue
Purple --> color(1,0,1)      // purple
Pink   --> color(1,0.5,0.5)  // pink
```

然后，编写导入颜色规则文件代码，如下所示。最终生成的模型效果如图 8-13 所示。

```
version "2019.0"

//导入外部规则文件
import colour: "rules/colour. cga"(v)    //使用(v)保护颜色文件中的 v 属性

@Description("缩放因子") //使用注解描述属性 v
attr v =0. 2               //新规则中的 v 变量
Lot -->
    s('v,'1,'v)           //缩放
    extrude(10)           //拉伸
    color(colour. Spectrum) //按颜色光谱色着色
    X
```

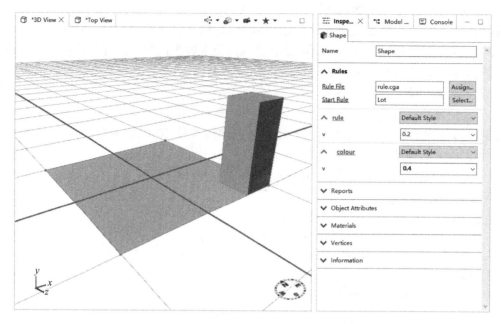

图 8-13　导入外部规则文件创建三维模型

第 9 章　CGA 常用内置函数

内容导读

　　本章首先介绍了几何函数，然后讲解了与标签有关的最小距离函数，上下文比较函数和上下文计数函数，紧接着，讲解了地理坐标函数、色阶函数和基本的数学函数，最后介绍了简单类型操作。

9.1　几何函数

　　CGA 规则提供了 geometry 几何对象的派生函数来获取形状的几何属性。常用的 geometry 派生函数包括：几何角度函数 geometry. angle( )，几何面积函数 geometry. area( )，几何高度函数 geometry. height( )和纹理尺寸函数 geometry. du/dv( )。

9.1.1　几何角度函数

　　geometry. angle( )几何角度函数用来获取当前形状的几何角度，基本语法为：

float geometry.angle(angSelector)

参数说明：

　　angSelector：字符型关键字，表示角度选择器，可取值为：maxSlope | azimuth | zenith. 其中，maxSlope 用于计算形状相对于 xz 平面的最大斜率（以度为单位）。azimuth 用于计算当前形状的最大斜率方向对应的方位角（以度为单位）。zenith 用于计算天顶角（90°）与最大斜率之间的夹角，即 90-geometry. angle（maxSlope）。

9.1.2　几何面积函数

　　geometry. area( )几何面积函数用来获取当前形状的几何面积，基本语法为：

float geometry.area( )

float geometry.area(areaSelector)

参数说明：

　　areaSelector：字符型关键字，表示面选择器，可取值包括以下。

　　1）surface（default）| all（表面 | 全部）。

　　2）front | back | top | bottom | left | right | side（前 | 后 | 上 | 下 | 左 | 右 | 侧面）。

　　3）object. front | object. back | object. top | object. bottom | object. left | object. right | object. side（前 | 后 | 上 | 下 | 左 | 右 | 侧面）。

　　4）world. east | world. west | world. south | world. north | world. up | world. down | world. side（东 | 西 | 南 | 北 | 上 | 下 | 侧面）。

5） street. front｜street. back｜street. left｜street. right｜street. side （前｜后｜左｜右｜侧面）。

【例9-1】计算几何体面积示例。下面的CGA代码演示了计算几何体面积的过程，生成的模型效果如图9-1所示。

```
version "2019.0"
//初始形状: 10m * 20m 矩形
@StartRule
Lot -->
    extrude(10)                            //拉伸 10m
    print("Top: " + geometry.area(top))     //打印顶面面积
    print("Front: " + geometry.area(front)) //打印前面面积
    print("Side: " + geometry.area(side))   //打印侧面面积
    print("All: " + geometry.area(all))     //打印所有面面积
```

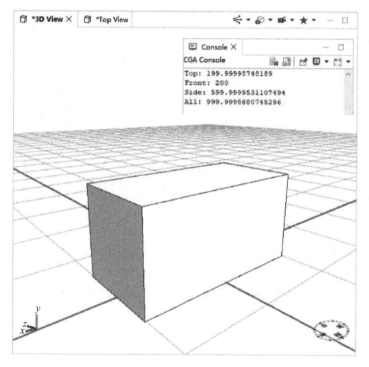

图9-1 计算几何体面积

9.1.3 几何高度函数

geometry. height( )几何高度函数用来获取当前形状的几何高度，基本语法为：

float geometry. height( )

【例9-2】计算几何体高度示例。下面的CGA代码演示了计算几何体高度的过程，生成的模型效果如图9-2所示。在该示例中，初始形状首先经过 extrude( )拉伸、color( )着色后生成灰色半透明长方体，然后使用comp( )提取顶面、底面和侧面。以顶面为基础，首先复制该顶面生成形状 C，然后对该顶面进行 extrude( )拉伸、color( )着色、s( )缩放和 center( )居中操作后生成形状 D。最后使用 print( )分别打印初始形状、底面 B、顶面 C 和形状 D 的几何高度，结果如图9-2所示。

```
version "2019.0"
//初始形状: 20m * 20m 矩形

@StartRule
Lot -->
    extrude(10) //拉伸 10m
    color(0.8,0.8,0.8,0.6) //填充灰色
    print("Height Lot: " + geometry.height()) //打印几何体高度
    comp(f){ top: A | bottom: B |side: X. }    //提取顶面、底面和侧面
A --> //顶面
    C //复制顶面
    extrude(5) color(1,1,1,1) s('0.6,'1,'0.6) center(xz) //先拉伸，后着色，再缩小，最后居中
    print("Height D: " + geometry.height())    //打印几何体高度
    D.
B --> //底面
    print("Height B: " + geometry.height())    //打印几何体高度
C --> //顶面
    print("Height C: " + geometry.height())    //打印几何体高度
```

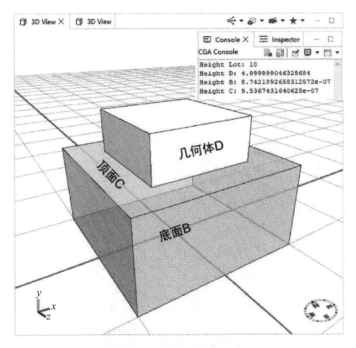

图 9-2　计算几何体高度

9.1.4　纹理尺寸函数

geometry. du/dv( )函数用来获取当前纹理的长度/宽度，该函数通常用于街道形状纹理贴图，基本语法为：

float geometry.du(uvSet, surfaceParameterization)

float geometry.dv(uvSet, surfaceParameterization)

参数说明：

uvSet：整型数据，表示要设置纹理层的索引（取区间［0,9］中的整数），编号对应于材质属性的纹理图层，见表6-1，常用值为0（彩色图）。

surfaceParameterization：字符型关键字，表示表面参数化方式，可取值为：uvSpace｜unitSpace。uvSpace表示选择实际的纹理坐标的单位长度进行计算，unitSpace表示选择场景中的单位长度进行计算。

【例9-3】使用纹理尺寸函数为街道贴图示例。下面的CGA代码演示了使用纹理尺寸函数为街道贴图的过程，生成的模型效果如图9-3所示。

```
version "2019.0"
//初始形状: 街道默认值
const roadPath = "assets/roadc.jpg" //机动车道纹理路径
const sidewalk = "assets/brick.jpg"  //人行道纹理路径
@StartRule
Road -->
    texture(roadPath)                        //填充纹理
    scaleUV(0,geometry.du(0,unitSpace)/6,0.9) //缩放纹理
    X(geometry.du(0,unitSpace),geometry.dv(0,unitSpace))
@StartRule
Sidewalk -->
    extrude(0.2)      //拉伸0.2m
    texture(sidewalk) //填充纹理
    tileUV(0,2,2)     //调整纹理尺寸
//打印尺寸函数
X(length,Width) --> print("Length: " + length + ", \nwidth:" + width)
```

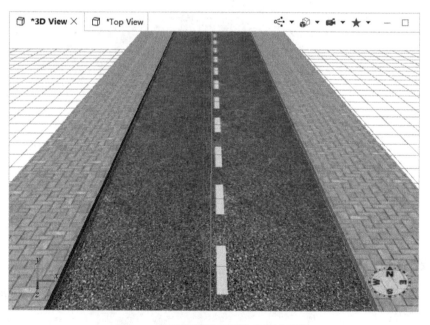

图9-3 使用纹理尺寸函数为街道贴图

9.1.5　其他几何函数

CGA 规则提供的 geometry 对象的派生函数除了包括上述的角度、面积、高度和纹理尺寸之外，还包括其他几何函数（表 9-1）。

表 9-1　geometry 对象其他几何函数

几何函数	描述	几何函数	描述
geometry. nEdges	获取边数	geometry. isClosedSurface	是否封闭面
geometry. nFaces	获取面数	geometry. isConcave	是否凹面
geometry. nHoles	获取孔洞数	geometry. isPlanar	是否平面
geometry. nVertices	获取顶点数	geometry. isRectangular	是否矩形面
geometry. volume	获取体积	geometry. isOriented	是否轴向一致

9.2　上下文函数

9.2.1　最小距离函数

minimumDistance( ) 最小距离函数用于返回当前范围到与给定标签匹配的所有形状范围中的最小距离。如果找不到与指定标签匹配的形状，则返回无穷大，基本语法为：

float minimumDistance(targetSelector , label)

参数说明：

targetSelector：字符型关键字，表示目标选择器，可取值为：intra | inter | all。其中，intra 表示检查来自相同的初始形状构成的形状树中是否带有指定标签的形状，而 inter 表示检查来自附近的其他初始形状生成的形状树中是否含有指定标签的形状。

label：字符型数据，表示要查询的标签，不能为空。如果标签为空，则返回无穷大。

【例 9-4】使用最小距离函数生成随机形状示例。下面的 CGA 代码演示了使用最小距离函数生成随机形状的过程，生成的模型效果如图 9-4 所示。

```
version "2019.0"
//初始形状尺寸:20m*20m 矩形
@StartRule
Lot --> scatter(surface,100,uniform) {Seed} //使用 scatter()函数生成随机点
Seed -->10% : A   /* 10%生成 A */   else : B //剩余生成 B
A --> primitiveCylinder(16,0.2,2) //生成圆柱体
    color(1,0,0)              //填充红色
    label("A")               //标注 A
B --> //计算当前形状和 A 形状的最小距离,低于 1m,舍弃该形状
    case minimumDistance(intra,"A") <1: NIL
    else: primitiveCube(0.2,1,0.2)   //否则生成立方体
```

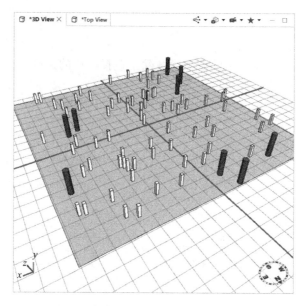

图 9-4   使用最小距离函数生成随机形状

9.2.2   上下文比较函数

contextCompare( )上下文比较函数用于返回当前形状在与给定标签匹配的所有形状中的排名，基本语法为：

float contextCompare(targetSelector , label , comparisonSelector)

参数说明：

targetSelector：字符型关键字，表示目标选择器，可取值为：intra | inter | all。其中，intra 表示检查来自相同的初始形状构成的形状树中是否带有指定标签的形状，而 inter 表示检查来自附近的其他初始形状生成的形状树中是否含有指定标签的形状。

label：字符型数据，表示要查询的标签，不能为空。如果标签为空，则返回 0 值。

comparisonSelector：字符型关键字，表示比较选择器，可取值为：world. northernmost | world. southernmost | world. easternmost | world. westernmost | world. highest | world. lowest | area. largest | area. smallest。

【例 9-5】使用上下文比较函数为边缘形状填充颜色示例。下面的 CGA 代码演示了使用上下文比较函数为边缘形状填充颜色的过程，生成的模型效果如图 9-5 所示。

```
version "2019.0"
//初始形状尺寸: 20m * 20m 矩形
@StartRule
Lot --> split(x){1: AX}*      //按 x 轴切割生成 AX
AX --> split(z){1: AZ}*      //按 z 轴切割生成 AZ
AZ -->
    extrude(rand(15)) //拉伸随机高度
    label("X")          //为每个格网柱体标注 X
    Dye                 //染色操作
Dye -->
```

case contextCompare(all,"X",world. southernmost) ＜ ＝ 100 :
　　//从最南端开始按其最南端边界对形状进行排序
　　color(1,0,0) //填充红色
case contextCompare(all,"X",world. easternmost) ＜ ＝ 100 :
　　//从最东边开始按其最东边边界对形状进行排序
　　color(0,1,0) //填充绿色
else : color(1,1,1) //填充白色

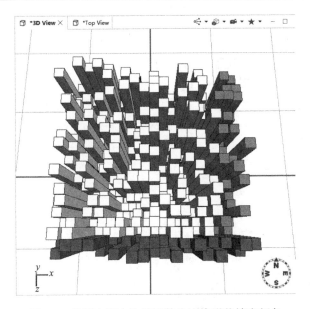

图 9-5　使用上下文比较函数为边缘形状填充颜色

9.2.3　上下文计数函数

contextCount( )上下文计数函数用于统计带有指定标签的形状个数，基本语法为：

float contextCount(targetSelector , label)

参数说明：

targetSelector：字符型关键字，表示目标选择器，可取值为：intra ╎ inter ╎ all。其中，intra 表示检查来自相同的初始形状构成的形状树中是否带有指定标签的形状，而 inter 表示检查来自附近的其他初始形状生成的形状树中是否含有指定标签的形状。

label：字符型数据，表示要查询的标签，不能为空。如果标签为空，则返回 0 值。

9.3　地理坐标和色阶函数

9.3.1　地理坐标函数

getGeoCoord( )地理坐标函数用于获取当前形状范围的原点坐标，基本语法为：

float getGeoCoord(geoCoordSelector)

参数说明：

geoCoordSelector：字符型关键字，表示地理坐标选择器，可取值为：X ╎ Y ╎ lon ╎ lat。其

中 X、Y 返回当前场景坐标系的 2D 坐标（如高斯-克吕格投影坐标）。lon 和 lat 返回地理坐标系中的经纬度坐标（如 WGS-84 地理坐标）。

9.3.2 色阶函数

colorRamp()色阶函数用于返回色带上的十六进制颜色值，基本语法为：

string colorRamp(gradient, value)

参数说明：

gradient：字符型关键字，表示色阶选择器，可取值为："whiteToBlack"｜"greenToRed"｜"yellowToRed"｜"redToBlue"｜"orangeToBlue"｜"brownToBlue"｜"spectrum"（白到黑｜绿到红｜黄到红｜红到蓝｜橙到蓝｜棕到蓝｜光谱色）

value：浮点型变化值，范围为［0，1］。

【**例 9-6**】使用色阶函数为形状填充渐变颜色示例。下面的 CGA 代码演示了使用色阶函数为形状填充渐变颜色的过程，生成的模型效果如图 9-6 所示。

```
version "2019.0"
//初始形状尺寸:20m*20m 矩形
@StartRule
Lot -->
    extrude(20)                        //拉伸 20m
    split(y){                          //沿 y 轴每隔 2m 重复切割
        2: Dye(split.index/split.total) //填充颜色
    }*
Dye(val) -->                           //使用色带填充颜色
    color(colorRamp("greenToRed",val)) //色带 greenToRed 中的取值 0 表示绿色,1 表示红色
    X.
```

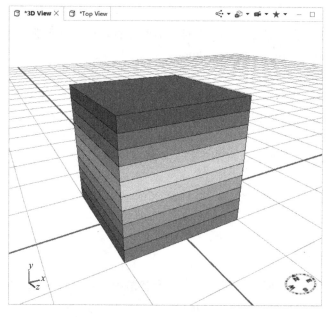

图 9-6　使用色阶函数为形状填充渐变色

9.4 数学函数

CGA 规则提供了基础的数学函数以用于数学运算，这些数学函数名称及描述见表 9-2。

表 9-2 数学函数名称及描述

函数名	描述	函数名	描述	函数名	描述	函数名	描述
abs( )	绝对值	sqrt( )	平方根	sin( )	正弦	asin( )	反正弦
ceil( )	向上取整	pow( )	幂函数	cos( )	余弦	acos( )	反余弦
rint( )	四舍五入取整	ln( )	自然对数	tan( )	正切	atan( )	反正切
floor( )	向下取整	log10( )	对数	exp( )	指数	atan2( )	象限反正切
isinf( )	是否无穷大	isnan( )	是否非数值	rand( )	随机函数	p( )	概率函数

9.5 简单类型操作

9.5.1 布尔型运算符

CGA 规则提供了布尔型运算符以用于条件判断，在实际应用中通常配合 case-else 语句使用。关于布尔型运算符的描述见表 9-3。

表 9-3 布尔型运算符描述

运算符	描述	举例
!	逻辑非	case(!(f(x))
‖	逻辑或	case(a ‖ b ‖ f(x))
&&	逻辑与	case(a && f(x))
==	相等	case(a == b)
! =	不相等	case(a != b)

9.5.2 浮点数算术运算符

CGA 规则提供了浮点数算术运算符以用于数学计算。关于算术运算符的描述见表 9-4。

表 9-4 浮点数算术运算符描述

运算符	描述	举例
−	一元运算，表示负的	$a = -b$
−	减运算	$a = b - c$
+	加运算	$a = c + b$
*	乘运算	$x = y * f(x)$
/	除运算	$x = 4/d$
%	模运算（取余数）	$a = b \% 10$

9.5.3 浮点数比较运算符

CGA 规则提供了浮点数比较运算符以用于条件判断，在实际应用中通常配合 case-else 语句使用。关于比较运算符的描述见表 9-5。

表 9-5 浮点数比较运算符描述

运算符	描述	举例
<	小于	$case(a < b)$
<=	小于等于	$case(a <= b)$
>	大于	$case(a > b)$
>=	大于等于	$case(a >= b)$
==	等于	$case(a == b)$
!=	不等于	$case(a != b)$

9.5.4 字符串拼接运算符

CGA 规则提供了字符串拼接运算符以用于连接字符串。关于拼接运算符的描述见表 9-6。

表 9-6 字符串拼接运算符描述

运算符	描述	举例
+	字符串拼接	$a = "City" + "Engine"$
+	字符串和浮点数拼接	$a = "Height:" + 10$ $a = 3 + "Dimension"$

9.5.5 字符串比较运算符

类似浮点型比较运算符，CGA 规则也提供了字符串比较运算符以用于条件判断，在实际应用中通常配合 case-else 语句使用。字符串比较运算符的描述与浮点数比较运算符的操作类似，见表 9-5。

第 10 章 CGA 注解与样式

内容导读

　　本章首先讲解了 CGA 的注解操作，主要包括：起始规则注解、属性排序注解、属性分组注解、属性描述注解、属性隐藏注解、颜色注解、手柄注解、值域注解、角度注解、距离注解、百分比注解、枚举注解、文件注解和目录注解等内容。然后讲解了 CGA 的样式操作。

10.1 CGA 注解

　　在 CGA 规则中，允许使用注解为规则或属性添加辅助信息。注解是可选的，本身并不影响规则的语义，对模型的生成没有影响。使用注解主要是方便使用人员在用户界面"Inspector（检查器）"面板中控制 CGA 属性或规则。

10.1.1 起始规则注解

　　起始规则注解用于显式声明规则文件的起始规则名称，以便起始规则选择器能正确识别起始规则，基本语法为：

　　@StartRule

　　当规则文件中存在多个起始规则时，应使用@StartRule 作显式声明。

　　【例 10-1】使用起始规则注解示例。下面的 CGA 代码演示了显式声明起始规则的过程，生成的模型效果如图 10-1 所示。

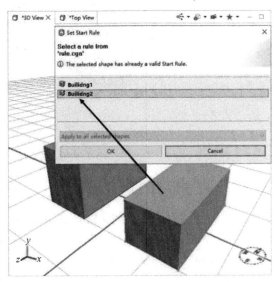

```
version "2019.0"
//初始形状:无要求
@StartRule//声明 Builidng1 为起始规则
Builidng1 -->
    extrude(12) //拉伸 12m
    color("#00FF00") //填充绿色
    A.
@StartRule//声明 Builidng2 为起始规则
Builidng2 -->
    extrude(8) //拉伸 8m
    color("#00FFFF") //填充青色
    B.
```

图 10-1　选择起始规则创建三维模型

10.1.2 属性排序注解

属性排序注解用于控制属性在"Inspector（检查器）"面板上的出现次序，基本语法为：
@ Order(n)
参数说明：
n 为属性的排序编号，可以取负值，值越小越靠前，反之越靠后。

【**例 10-2**】使用属性排序注解示例。下面的 CGA 代码演示了使用属性排序注解建模的过程，生成的模型效果如图 10-2 所示。

```
version "2019.0"                              attr colour2 ="#00FF00" //定义属性 colour2
//初始形状:无要求                              @StartRule
@Order(0)                                     Lot --> //使用 shapeL()操作生成 B 和 G
attr height1 =8        //定义属性 height1           shapeL(5,10){ shape: B |remainder: G }
@Order(2)                                     B -->//拉伸,着色生成 C
attr colour1 ="#FFFFFF" //定义属性 colour1          extrude(height1) color(colour1) C.
@Order(1)                                     G -->//拉伸,着色生成 D
attr height2 =1        //定义属性 height2           extrude(height2) color(colour2) D.
@Order(3)
```

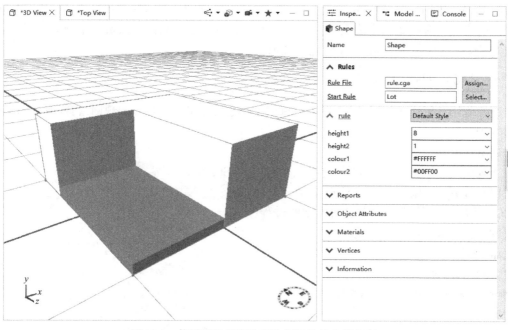

图 10-2　使用属性排序注解控制属性的出现次序

10.1.3 属性分组注解

属性分组注解用于控制属性在"Inspector（检查器）"面板上的分组，基本语法为：
@ Group("level_1-group", … , "level_n-group")
@ Group("level_1-group", … , "level_n-group", order)
参数说明：
order 为分组排序编号，值越小越靠前，反之越靠后。

【例 10-3】使用属性分组注解示例。下面的 CGA 代码演示了使用属性分组注解建模的过程，生成的模型效果如图 10-3 所示。

```
version "2019.0"                              @StartRule
//初始形状:无要求                              Lot --> //使用 shapeL()操作生成 B 和 G
@Group("建筑物属性",1)                             shapeL(5,10){ shape: B |remainder: G }
attr height1 = 8           //定义属性 height1   B --> //拉伸,着色生成 C
attr colour1 = "#FFFFFF"   //定义属性 colour1       extrude(height1) color(colour1) C.
@Group("草地属性",2)                           G --> //拉伸,着色生成 D
attr height2 = 1           //定义属性 height2       extrude(height2) color(colour2) D.
attr colour2 = "#00FF00"   //定义属性 colour2
```

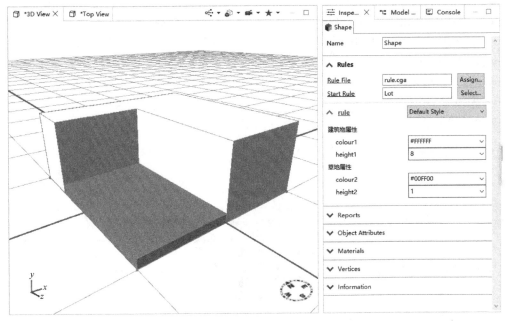

图 10-3　使用属性分组注解为属性分组

10.1.4　属性描述注解

属性描述注解用于描述属性在检测器（Inspector）面板上的信息，基本语法为：

@ Description ("info")

参数说明:

info 为描述属性内容的字符型信息。

10.1.5　属性隐藏注解

属性隐藏注解用于取消属性在 "Inspector（检查器）" 面板上的显示，基本语法为：

@ Hidden

10.1.6　颜色注解

颜色注解用于在 "Inspector（检查器）" 面板上设置颜色属性时以颜色选择器方式打开，

基本语法为：

@ Color

【例 10-4】使用分组、描述及颜色注解示例。下面的 CGA 代码演示了使用分组、描述及颜色注解建模的过程，生成的模型效果如图 10-4 所示。

```
version "2019.0"                                    @Color        //设置 colour2 为颜色选择器
//初始形状:无要求                                    attr colour2 ="#00FF00" //定义属性 colour2
@Group("建筑物属性",0)
@Description("建筑物高度")                            @StartRule
attr height1 =8   //定义属性 height1               Lot --> //使用 shapeL()操作生成 B 和 G
@Description("建筑物颜色")                                shapeL(5,10){ shape: B |remainder: G }
@Color           //设置 colour1 为颜色选择器          B --> //拉伸,着色生成 C
attr colour1 ="#CCCCCC" //定义属性 colour1               extrude(height1) color(colour1) C.
@Group("草地属性",1)                                G --> //拉伸,着色生成 D
@Description("草地高度")                                 extrude(height2) color(colour2) D.
attr height2 =1   //定义属性 height2
@Description("草地颜色")
```

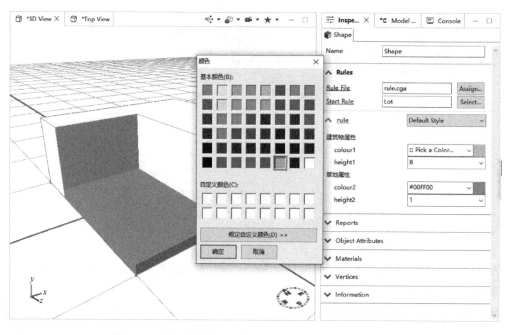

图 10-4 使用属性分组、描述及颜色注解创建三维模型

10.1.7 手柄注解

手柄注解允许在 "3D View（3D 视图）" 中直接使用鼠标来编辑所选对象的属性值以此来控制形状，基本语法为：

@ Handle(shape = , type = , align = , color = ,…)

参数说明：

shape 为 CGA 规则中定义的形状符号，type 为手柄类型，align 为对齐方式，color 为颜色值等。关于手柄注解的其他选项见表 10-1 和表 10-2。

🔊 **注意** 使用手柄注解需要预先在 "3D View（3D 视图）" 中启用视图设置（View settings）→手柄（Handles）选项。

表 10-1　手柄注解选项

手柄注解选项	描述	可取值列表
shape =	规则中定义的形状符号	shape_ name
type =	手柄类型	linear * | move | angular | toggle | selector | color
align =	对齐方式	topLeft | left | bottomLeft | bottom | bottomRight | right | topRight | top | default *
slip =	手柄移动方式	scope * | screen | inside
repeat =	重复类型	chain * | none
minDisplaySize =	最小距离显示尺寸	pixels
extensionLines =	延长线方式	scope * | silhouette | fade | off
translate =	平移	{translate_ x, translate_ y, translate_ z}
occlusion =	是否闭合	true * | false
color =	颜色	hexCodeString

注：表中星号 "＊" 表示默认值。

表 10-2　手柄注解子选项

Linear | Move 类型选项	描述	可取值列表
reference =	手柄参考点	edges * | center | origin | radial
axis =	轴线	y * | x | z | x- | y- | z-
skin =	手柄样式	doubleArrow * | singleArrow | diameterArrow | sphere | hemisphere
Angular 类型选项	**描述**	**可取值列表**
reference =	手柄参考点	edges | center * | origin
axis =	轴线	y * | x | z | x- | y- | z-
skin =	手柄样式	doubleArrow * | ring
Toggle | Selector | Color 类型选项	**描述**	**可取值列表**
reference =	手柄参考点	edges | center * | origin | radial
（如果 slip 设为 scope） axis =	轴线	x | y * | z | xy | xz | yz
（如果 slip 设为 screen） axis =	轴线	x | y * | z
（如果 slip 设为 inside） axis =	轴线	—

注：表中星号 "＊" 表示默认值。

【例 10-5】使用手柄注解示例。下面的 CGA 代码演示了使用手柄注解建模的过程，生成的模型效果如图 10-5 所示。

```
version "2019.0"                                      attr colour2 = "#00FF00" //定义属性 colour2
//初始形状：无要求
//使用@Handle()注解为属性添加手柄控制器           @StartRule
@Handle(shape = B, type = move, axis = y)            Lot --> //使用 shapeL()操作生成 B 和 G
attr height1 = 5           //定义属性 height1             shapeL(5,10){ shape: B  |remainder: G }
@Handle(shape = B, type = color, color = "#0000FF")  B --> //拉伸，着色生成 C
attr colour1 = "#0000FF" //定义属性 colour1              extrude(height1) color(colour1) C.
@Handle(shape = G, axis = y)                         G --> //拉伸，着色生成 D
attr height2 = 1           //定义属性 height2             extrude(height2) color(colour2) D.
@Handle(shape = G, type = color, color = "#00FF00")
```

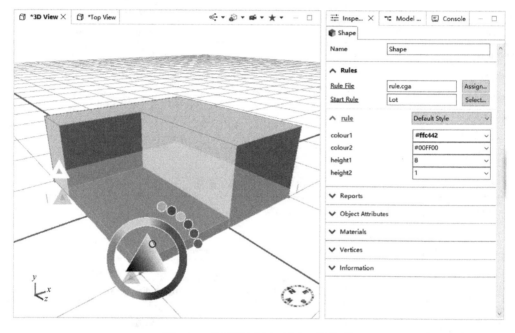

图 10-5　使用手柄注解创建三维模型

10.1.8　值域注解

值域注解用于定义属性在"Inspector（检查器）"面板上的取值范围，并使用滑块来设置属性值，基本语法为：

@ Range (min = value , max = value , stepsize = 0 , restricted = true)

参数说明：

min 为最小值，max 为最大值，stepsize 为滑动步长，restricted 为严格模式，默认值为 true，表示在"Inspector（检查器）"面板中输入的任何数值都将设置为最接近的可能值。

10.1.9　角度注解

角度注解用于定义属性在"Inspector（检查器）"面板上的角度取值，并使用滑块来设置属性值，同时添加角度单位：°（度），基本语法为：

@ Angle

10.1.10　距离注解

距离注解用于为属性在"Inspector（检查器）"面板上添加距离单位 m，基本语法为：

@Distance

【例 10-6】使用值域、角度和距离注解示例。下面的 CGA 代码演示了使用值域、角度和距离注解建模的过程，生成的模型效果如图 10-6 所示。

```
version "2019.0"
//初始形状尺寸:无要求
@Group("地块属性",0)
@Angle    //设置属性 ang 为角度
attr ang=0    //地块绕 y 轴旋转角度
@Distance //设置属性 dis 为距离
@Range(min=0,max=10,stepsize=1)
attr dis =0    //地块沿 x 轴平移距离

@Group("建筑物属性",1)
//为属性 height1 设置值域
@Range(min=5,max=10,stepsize=1)
attr height1=8           //几何体高度
const colour1="#FFFFFF" //几何体颜色

@Group("草地属性",2)
//为属性 height2 设置值域
@Range(min=0,max =1,stepsize =0. 1)
attr height2=1              //草地高度
const colour2="#00FF00" //草地颜色

@StartRule
Lot -->
    r(0,-ang,0)     //绕 y 轴旋转地块
    t(-dis,0,0)     //沿 x 轴平移地块
    shapeL(5,10){
        shape: B |remainder: G
    } //使用 shapeL()操作生成 B 和 G
B -->//拉伸,着色生成 C
    extrude(height1) color(colour1) C.
G -->//拉伸,着色生成 D
    extrude(height2) color(colour2) D.
```

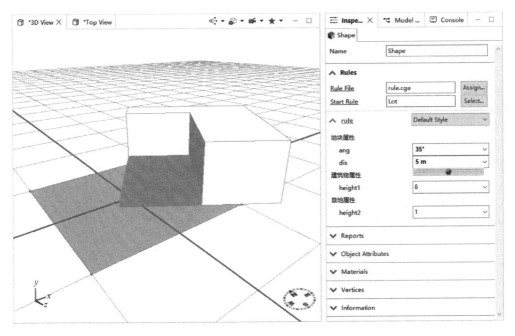

图 10-6　使用值域、角度和距离注解创建三维模型

10.1.11 百分比注解

百分比注解用于为属性在"Inspector（检查器）"面板上添加百分比单位%，基本语法为：

@Percent

10.1.12 枚举注解

枚举注解用于为属性在"Inspector（检查器）"面板上添加枚举列表，基本语法为：

@Enum(value_1 , value_2 , … , restricted = true)

参数说明：

value_1 , value_2 … 为列表值，restricted 为严格模式，默认值为 true。

【例 10-7】使用枚举注解示例。下面的 CGA 代码演示了使用枚举注解建模的过程，生成的模型效果如图 10-7 所示。

```
version "2019.0"
//初始形状:20m * 20m 矩形
@Group("建筑物属性",1)
attr height1 =8            //定义属性 height1
attr colour1 ="#FFFFFF"    //定义属性 colour1
@Enum(0.5,1,1.5,2,2.5)     //为属性 num 设置枚举列表
attr winWidth =1. 5        //定义属性 winWidth

@Group("草地属性",2)
attr height2 =0.2          //定义属性 height2
attr colour2 ="#00FF00"    //定义属性 colour2

@StartRule
Lot --> //使用 shapeL()操作生成 Building 和 Ground
    shapeL(5,10){
        shape: Building |remainder: Ground
    }
Building --> //建筑物
    extrude(height1)    //拉伸
    color(colour1)      //填充颜色
    split(y){ ~1: X. | 2: Floor}* | ~0.5: X. }         //沿 y 轴重复切割出楼层
Ground --> //地面
    extrude(height2) color(colour2) X.
Floor --> //楼层
    split(x){ ~0.5: Wall |winWidth: X.}* | ~0.5: Wall }    //沿 x 轴重复切割出墙面和窗户
Wall -->   //墙面
    split(z){ ~0.5: X. | 1: X.}* | ~0. 5: X. }             //沿 z 轴重复切割出窗户
```

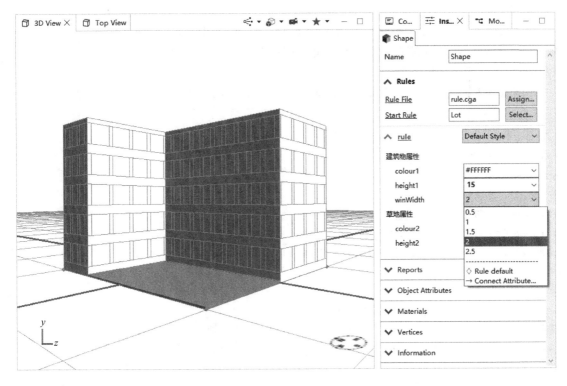

图 10-7　使用枚举注解创建三维模型

10.1.13　文件注解

文件注解用于在"Inspector（检查器）"面板上设置文件属性时允许以文件选择器方式选择所需文件，基本语法为：

@File

10.1.14　目录注解

目录注解用于在"Inspector（检查器）"面板上设置目录属性时允许以文件夹选择器方式选择所需文件夹，基本语法为：

@Directory

10.2　CGA 样式

CGA 规则允许将"Inspector（检查器）"面板上设定的属性新值保存在分配给形状的 CGA 规则文件中，以便于属性值的存储和重用，这构成了 CGA 样式。多个 CGA 样式构成了样式集。

由于 CGA 样式是关于属性值的记录，因此 CGA 样式依赖于 CGA 规则代码。定义 CGA 样式，基本语法为：

@Description(styleInf o)　//描述注解可选
style styleName
style _styleName extends styleName　//如果存在样式继承

参数说明：

styleInfo 表示关于样式 styleName 的描述信息，可选。styleName 为新建的样式名称。如果基于样式 styleName，设置了属性新值，可使用样式继承。_ styleName 为新建的子样式名称，styleName 为父样式名称。

【例 10-8】创建 CGA 样式示例。下面的 CGA 代码演示了创建 CGA 样式的过程。

```
version "2019.0"
//初始形状:20m * 20m 矩形
const L = 20     //地块尺寸:20m * 20m
attr height = 20  //定义属性 height:楼房高度
@Color
attr colour = "#6892d7" //定义属性 colour:窗户颜色
attr widthX = 1.5        //定义属性 widthX:窗户东西方向宽度
attr widthZ = 1          //定义属性 widthZ:窗户南北方向宽度


@StartRule
Lot --> extrude(height) Building //拉伸后生成 Building
Building --> split(y){ { ~1: X. | 3: Floor}*  | ~0.5: X. }         //沿 y 轴重复切割出楼层
Floor --> split(x){ { ~0.5: Wall | widthX: Win("z")}*  | ~0.5: Wall } //沿 x 轴重复切割出墙面和窗户
Wall --> split(z){ { ~0.5: X. | widthZ: Win("x")}*  | ~0.5: X. }      //沿 z 轴重复切割出窗户
Win(axis) --> //窗户内凹设计
    case axis = = "x":
        s('0.5,'1,'1) center(xz) color(colour) W.     //先沿 x 方向缩放,然后居中,最后填充颜色
    else: //axis = = "z"
        s('1,'1,L - 0.4) center(xz) color(colour) W.//先沿 z 方向缩放,然后居中,最后填充颜色
//设置 CGA 样式
@Description("楼房样式 1")
style myStyle1
attr colour  = "#999999"
attr height  = 25.0
attr widthX  = 2.0
attr widthZ  = 1.5
@Description("楼房样式 2")
style myStyle2 extends myStyle1   //myStyle2 继承 myStyle1 的属性值
attr height  = 15          //属性 height 重新设值
```

CGA 样式除了在规则文件中显示定义外，还可在"Inspector（检查器）"面板中手动定义。首先，在"Inspector（检查器）"面板的"Rules（规则）"对话框中设置 CGA 规则文件的属性值，如图 10-8 所示，分别设置楼房颜色 colour 和高度 height，同时设置东西方向窗户宽度 widthX 和南北方向窗户宽度 widthZ。

然后，单击"Rules（规则）"对话框中的样式下拉菜单，选择"Add new style（添加新样式）"，如图 10-9 所示。在弹出的"Create and apply new style（创建和应用新样式）"对话框中，设置"Style name（样式名称）""Based on（继承父样式）"和"Description（样式描述）"等参数，单击 OK 后自动生成样式属性集，如图 10-10 所示。

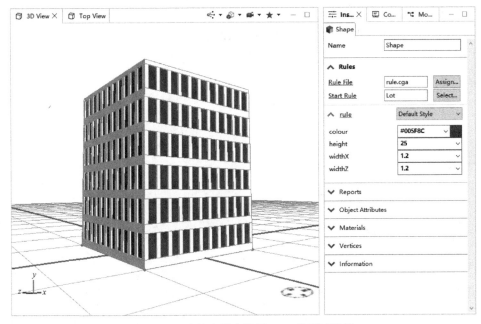

图 10-8　在检查器中设置 CGA 规则属性值

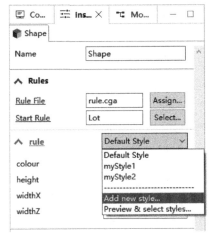
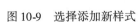

图 10-9　选择添加新样式

图 10-10　创建和应用新样式

在"Inspector（检查器）"面板中定义 CGA 样式，会将当前设置的属性值按照定义样式的语法保存到相应的 CGA 规则文件中。上面的操作过程生成的样式代码如下：

```
@Description("楼房样式 3")
style myStyle3
attr colour  = "#005F8C"
attr height  = 25.0
attr widthX  = 1.2
attr widthZ  = 1.2
```

定义后的 CGA 样式可在"Inspector（检查器）"面板的"Rules（规则）"对话框中预览和使用。首先单击样式下拉菜单，会列举出当前规则文件的所有样式，如图 10-11 所示。如果想预览各样式的显示效果，单击"Preview & select styles（预览和选择样式）"按钮，进入"Style Manager（样式管理器）"中就可以查看样式效果，如图 10-12 所示。

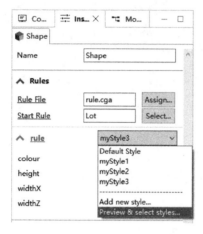

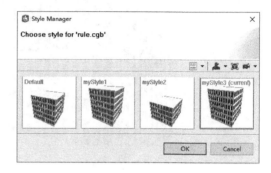

图 10-11　CGA 规则文件中的样式列表　　　　图 10-12　样式管理器界面

第11章 对象选择与视域分析

内容导读

　　本章首先讲解了对象选择的操作方法，包括主菜单选择、视图快捷菜单与分离选择、场景快捷菜单选择等内容。然后讲解了视域分析，包括创建视域、创建穹顶和创建廊道等方法。

11.1 对象选择

　　CityEngine 提供了多种选择方法来选择场景对象。这些方法主要分布在主菜单的"Select（选择）"下拉菜单、3D 视图快捷菜单以及场景快捷菜单中。

11.1.1 主菜单选择

　　在主菜单的"Select（选择）"中提供了多样化的选择工具，如图 11-1 所示，主要包括：

　　"Select All（全选）""Deselect All（全不选）""Invert Selection（反选）"：全部选择，取消全选和反向选择。

　　"Select Objects in Same Layer（选择同一图层对象）"：选择与源选择中的对象位于同一图层的所有对象。

　　"Select Objects by Map Layer（选择地图图层对象）"：定义布尔属性的地图图层（如常用的障碍图层）可用作选择约束。在子菜单中，将列出所有地图图层的布尔属性。可根据布尔属性选择相应对象。

　　"Select Objects in Same Layer Group（选择同一图层组对象）"：选择与源选择中的对象位于同一图层组的所有对象。

　　"Select Objects of Same Type（选择相同类型对象）"：选择与源选择中的对象具有相同类型的所有对象。

　　"Select Objects of Same Group（选择相同组对象）"：选择与源选择中的对象同属于相同组的所有对象。

　　"Select Objects with Same Rule File（选择具有相

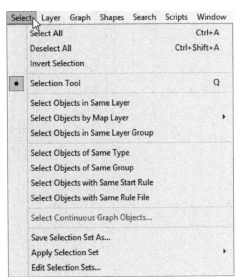

图 11-1　多样化的选择工具

同规则文件对象)": 选择与源选择中的对象具有相同规则文件的所有对象。

"Select Objects with Same Start Rule (选择具有相同起始规则对象)": 选择与源选择中的对象具有相同起始规则文件的所有对象。

"Select Continuous Graph Objects (选择连续图对象)": 选择连续的图形对象, 比如连续的街道。

"Save Selection Set As (另存选择集)": 将选择的对象保存到选择集中。

"Apply Selection Set (应用选择集)": 在选择集列表中, 选择要应用的选择集。

"Edit Selection Sets (编辑选择集)": 对选择集进行编辑。

【例 11-1】 选择相同类型对象示例。下面的操作演示了从街道图层中使用选择相同类型对象工具批量选择路段的过程。

首先使用主菜单的"Graph (图形)"→"Grow Streets (生成街道)"工具生成大规模场景的街道和街区, 如图 11-2a 所示。然后使用鼠标左键选择其中某条街道的路段 (或边), 如图 11-2b 所示, 此时选中的路段构成了"源选择"。最后使用鼠标左键单击主菜单的"Select (选择)"→"Select Objects of Same Type (选择相同类型对象)"工具, 此时该街道图层中的所有路段将被选中, 如图 11-2c 所示。在示例中可以看出, 通过构建"源选择"和使用"Select Objects of Same Type (选择相同类型对象)"工具, 快速选择了所有路段, 相比传统的使用鼠标左键配合 Shift/Ctrl 键逐个单击路段进行选择, 明显提高了工作效率。在实际建模中, 经常会用类似的方式批量选择某一类型的对象。

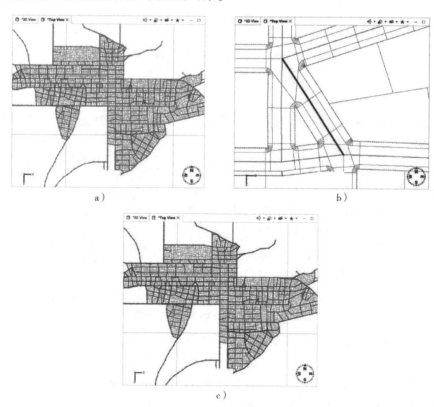

图 11-2　使用选择相同类型对象工具批量选择路段

a) 创建大规模场景的街道和街区　b) 选择其中某条街道的路段 (或边)　c) 所有路段被选中

11.1.2　视图快捷菜单与分离选择

在"3D View（3D 视图）"或"Top View（顶面视图）"中，单击鼠标右键会弹出快捷菜单，在快捷菜单中提供了常用的选择工具，如图 11-3 所示，主要包括：

"Select Objects in Same Layer（选择同一图层对象）"：选择与源选择中的对象位于同一图层的所有对象。

"Select Objects with Same Rule File（选择具有相同规则文件对象）"：选择与源选择中的对象具有相同规则文件的所有对象。

"Select Objects with Same Start Rule（选择具有相同起始规则对象）"：选择与源选择中的对象具有相同起始规则文件的所有对象。

在"3D View（3D 视图）"或"Top View（顶面视图）"的"Visibility settings（可见性设置）"中提供了"Isolate Selection（分离选择）" 工具，如图 11-4 所示。该工具可将选择集从非选择集中隔离出来，即仅对当前选择的对象可见。在处理较大的模型时，将场景临时缩小到较小的工作集通常很有用。当对象处于隔离模式时，通过再次单击"Isolate Selection（分离选择）"工具或按 I 键可恢复显示整个模型。

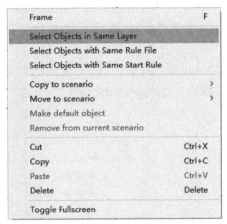

图 11-3　视图快捷菜单提供的选择工具　　　图 11-4　分离选择工具

另外，在可见性设置中还提供了"Show/Hide Map Layers（显示/隐藏地图图层）""Show/Hide Graph Networks（显示/隐藏图形网络）""Show/Hide Shapes（显示/隐藏形状）""Show/Hide Models（显示/隐藏模型）"和"Show/Hide Analyses（显示/隐藏分析图层）"等工具，以提高设计人员的建模效率。

【例 11-2】分离选择对象示例。下面的操作演示了从街道图层中使用分离选择工具选择目标形状的过程。

首先使用鼠标左键在街道图层中选择目标形状，如图 11-5a 所示，然后使用鼠标左键单击"Top View（顶面视图）"中的"Visibility settings（可见性设置）"→"Isolate Selection（分离选择）"工具，此时目标形状从非选择集中分离出来，即在视图中只显示当前选择的目标形状，如图 11-5b 所示。

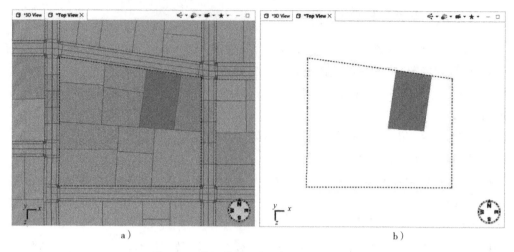

a)　　　　　　　　　　　　　　b)

图 11-5　使用分离选择工具选择目标形状

a）选择目标形状　b）目标形状被分离出来

11.1.3　场景快捷菜单

在场景（＊Scene）中使用鼠标左键激活某一图层，然后在该图层上单击鼠标右键会弹出快捷菜单，在快捷菜单中提供了"Select Objects（选择对象）"工具，如图 11-6 所示，用于选择当前图层的所有对象。

对于街道图层（Graph Layer），还可根据"Network（网络）"结构树选择特定的"Edge（边）"或"Shape（形状）"，也可根据"Block（块）"结构树选择特定的"Shape（形状）"，如图 11-7 所示。

图 11-6　场景快捷菜单提供的选择工具

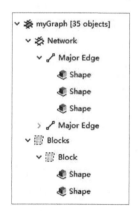

图 11-7　街道图层的网络结构树

11.2　视域分析

CityEngine 提供了视域分析工具，用于在三维模型中进行视域、穹顶和廊道分析。这些工具分布在主菜单的"Analysis（分析）"中，同时作为快捷工具被集成在工具条中，如图 11-8 所示。

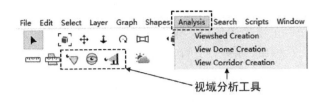

图 11-8　视域分析工具

11.2.1　视域分析

CityEngine 提供了创建视域工具用于进行视域分析。使用该工具可创建从观察点到目标点的可视区域，并创建视域图层，其中绿色表示可视区，红色表示遮挡区。具体操作为：

首先使用鼠标左键单击工具条上的 "Viewshed Creation（创建视域）" 按钮 ，或单击主菜单的 "Analysis（分析）" → "Viewshed Creation（创建视域）" 选项，然后在 "3D View（3D 视图）" 中用鼠标左键单击某点以创建观察点，单击另一点创建目标点，此时将创建可视域，并显示视域调节手柄，如图 11-9 所示。在该示例中，图 11-9a 显示了 3D 视图模式下的视域情况，图 11-9b 显示了顶面视图模式下的视域情况。

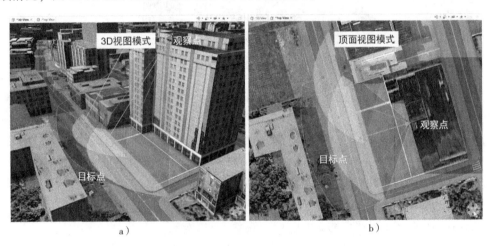

a）　　　　　　　　　　　　　　　　　　b）

图 11-9　创建可视域

a）3D 视图模式下　b）顶面视图模式下

选择视域对象，在 "Inspector（检查器）" 中可对其属性（如视角、视距等）进行详细设置。

1）"Layer Options（图层选项）" 对话框（图 11-10）中的参数设置。在该对话框中，从上到下依次包括：

"Visibility（可见性）"：是否显示视域对象。

"Locked（锁定）"：是否锁定视域对象以防止修改，其功能和分析图层的锁定/解锁（Lock/Unlock）操作一致。

"Color（着色）"：为视域对象着色，其功能和分析图层的设置颜色（Set Color）操作一致。

"Visible by multiple（重叠可视区颜色）"：多个视域对象重叠时的可视区颜色，默认为黄色。

　　"Visible by one（单一可视区颜色）"：单个视域对象的可视区颜色，默认为绿色。

　　"Not visible by any（遮挡区颜色）"：在所有视域对象中被遮挡时的颜色，默认为红色。

图 11-10　图层选项对话框

　　2）"Properties（属性）"对话框（图 11-11）中的参数设置。在该对话框中，从上到下依次包括：

　　"Horizontal Angle of View（观察点的水平视角）"：观察点的水平视角或视野。

　　"Vertical Angle of View（观察点的垂直视角）"：观察点的垂直视角或视野。

　　"Observer Point X（观察点的 x 坐标）"：观察点的 x 坐标。

　　"Observer Point Y（观察点的 y 坐标）"：观察点的 y 坐标。

　　"Observer Point Z（观察点的 z 坐标）"：观察点的 z 坐标。

　　"Tilt Angle（摄像机倾斜视角）"：摄像机倾斜视角，取值 -85°到 85°。

　　"Heading Angle（摄像机航向视角）"：摄像机航向视角，取值 -360°到 360°。

　　"View Distance（视域距离）"：观察点与目标点之间的直线距离。

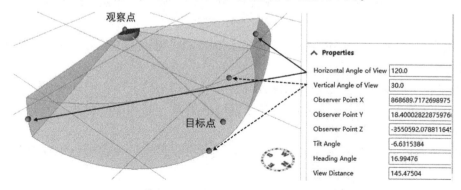

图 11-11　属性对话框

11.2.2　穹顶分析

穹顶分析工具允许观察者以环视角度（即 360°视图）查看指定点的可视区域，并为观察者显示可视区（默认为绿色）及遮挡区（默认为红色）范围。具体操作为：

首先使用鼠标左键单击工具条上的"View dome creation（创建穹顶）"按钮 ，或单击主菜单的"Analysis（分析）"→"View dome creation（创建穹顶）"选项，然后在"3D View（3D 视图）"中单击某点以创建观察点，然后拖动鼠标指针以创建穹顶视图，通过手柄可调整其属性。最终创建的穹顶对象如图 11-12 所示。在该示例中，图 11-12a 显示了 3D 视图模式下的视域情况，图 11-12b 显示了顶面视图模式下的视域情况。

图 11-12　创建穹顶视域
a）3D 视图模式下　b）顶面视图模式下

选择穹顶对象，在"Inspector（检查器）"中可对其属性（如观测点位置、视距）进行详细设置。

1）"Layer Options（图层选项）"对话框中的参数设置。主要包括："Visibility（可见性）""Locked（锁定）""Color（着色）""Visible by multiple（重叠可视区颜色）""Visible by one（单一可视区颜色）"和"Not visible by any（遮挡区颜色）"。这些参数的含义和视域对象中的图层选项参数一致。

2）"Properties（属性）"对话框中的参数设置。主要包括："Observer Point X（观察点的 x 坐标）""Observer Point Y（观察点的 y 坐标）""Observer Point Z（观察点的 z 坐标）"和"View Distance（视域距离）"。这些参数的含义和视域对象中的属性参数基本一致。

11.2.3　廊道分析

视图廊道可以分析观测点与兴趣点之间的通视情况。例如，美国西雅图市内存在多个景观廊道可以望见太空针塔。利用视图廊道可以有效防止地标视图被遮挡或破坏。

视图廊道旨在通过方案（Scenario）分析通视情况。因此，在创建视图廊道之前应先构建方案。只有方案中的建筑物才能被视图廊道着色。具体操作为：

基于已构建的方案，首先使用鼠标左键单击工具条上的"View corridor creation（创建廊道）"按钮 ，或单击主菜单的"Analysis（分析）"→"View Corridor Creation（创建廊道)"选项,然后在"3D View(3D 视图)"中单击某点以创建观察点,单击另一点以创建兴趣点,此时将创建廊道视域,并显示视域调节手柄,如图 11-13 所示。

图 11-13   创建廊道视域

选择廊道对象,在"Inspector(检查器)"中可对其属性(如观测点位置、兴趣点位置、视角等)进行详细设置。

1)"Layer Options(图层选项)"对话框中的参数设置。主要包括:"Visibility(可见性)""Locked(锁定)""Color(着色)""Visible by multiple(重叠可视区颜色)""Visible by one(单一可视区颜色)"和"Not visible by any(遮挡区颜色)"。这些参数的含义和视域对象中的图层选项参数一致。

2)"Properties(属性)"对话框中的参数设置。主要包括:"Horizontal Angle of View(观察点的水平视角)""Vertical Angle of View(观察点的垂直视角)""Observer Point X(观察点的 x 坐标)""Observer Point Y(观察点的 y 坐标)""Observer Point Z(观察点的 z 坐标)""Point of interest X(兴趣点的 x 坐标)""Point of interest Y(兴趣点的 y 坐标)"和"Point of interest Z(兴趣点的 z 坐标)"。这些参数的含义与视域对象中的属性参数基本一致。

第 12 章　数字模型导入与导出

内容导读

　　本章首先介绍了数字模型的导入方法,主要包括导入图层文件和导入项目文件,随后介绍了基于 GIS 数据进行城市三维建模的基本过程,最后介绍了数字模型的导出方法,主要涉及导出项目、导出模型和导出 VR 场景等内容。

12.1　数字模型导入

　　CityEngine 提供了多种类型的文件导入方式,包括:导入图层文件,导入示例及向导,导入文件到项目,导入已有项目到工作空间,如图 12-1 所示。

12.1.1　导入图层文件

　　CityEngine 的图层文件支持多种数据格式,主要包括:形状数据,静态模型,街道/图数据,地形和纹理数据。

　　其中形状数据支持的格式包括:COLLADA DAE、DXF、FBX、FGDB、OBJ、OSM 和 SHP。静态模型支持的格式包括:COLLADA DAE、FBX、KMZ/KML 和 OBJ。街道/图数据支持的格式包括:FGDB、DXF、OSM 和 SHP。地形和纹理数据支持的格式主要为图像数据,如 JPG、TIF、PNG、GIF、IMG 等,主要涉及地形数据导入和纹理数据导入。

　　导入图层文件具体操作为:使用鼠标左键单击主菜单的"File(文件)"→"Import(导入)",打开"Import(导入)"对话框,选择"CityEngine Layers(CityEngine 图层)",如图 12-2 所示,选择相应的文件格式,单击"Next(下一步)"按钮。

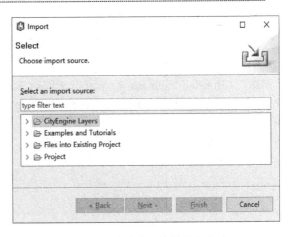

图 12-1　多种类型文件导入方式

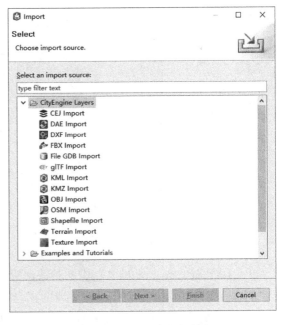

图 12-2　导入图层对话框

1. 导入 DAE 文件

DAE（Digital Asset Exchange）文件是 COLLADA 的三维模型文件。COLLADA 定义了基于 XML 的数字资产交换方案，该方案使 3D 创作应用程序可以自由地交换数字资产而不损失信息。打开导入 DAE 对话框，如图 12-3 所示，设置相应参数后，单击"Finish（完成）"按钮。

导入 DAE 对话框（图 12-3）中的参数说明。该对话框从上到下，依次包括：

"File（文件）"：单击"Browse（浏览）"按钮选择要导入的 DAE 文件，包含路径和文件名。

"Import as static model（导入为静态模型）"：如果勾选，表示该文件将"按原样"导入，并且不会被 CGA 规则修改。否则，将从导入的多面体中创建起始形状，并配合使用 CGA 规则。

"Align to terrain（与地形对齐）"：如果勾选，该模型将自动与地形对齐。

"Scale（缩放）"：设置缩放系数，对导入的模型进行适当缩放。

"Offset（偏移）"：居中设置偏移量，以使模型位于场景中世界坐标系原点的中心。

2. 导入 DXF 文件

DXF（Drawing Exchange Format）文件是 AutoCAD 软件与其他软件之间进行 CAD 数据交换的文件格式。打开导入 DXF 对话框，如图 12-4 所示，设置相应参数后，单击"Finish（完成）"按钮。

图 12-3　导入 DAE 对话框

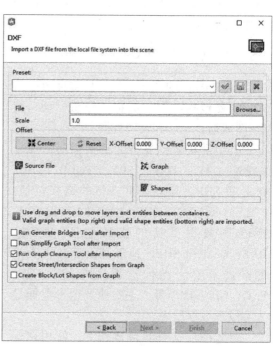

图 12-4　导入 DXF 对话框

导入 DXF 对话框（图 12-4）中的参数说明。该对话框从上到下，依次包括：

"File（文件）"：单击"Browse（浏览）"按钮选择要导入的 DXF 文件。

"Scale（缩放）"：设置缩放系数，对导入的对象进行适当缩放。

"Offset（偏移）"：居中设置偏移量，以使对象位于场景中世界坐标系原点的中心。

"Entity Listings（实体列表）"：在左侧的容器中，会列出 DXF 文件中包含的所有实体。能作为形状导入的实体可被移动到容器的右下角。实体可通过拖曳在容器之间和容器内部移动。另外，每个实体在左侧均带有一个图标标记，指示该实体是否可以作为图文件（Graph）、"Shape（形状）"文件或两者同时导入。

"Run Generate Bridges Tool after Import（导入后生成桥梁）"：如果勾选，则在下一步向导页面上执行生成桥梁工具。

"Run Simplify Graph Tool after Import（导入后简化图）"：如果勾选，则在下一步向导页面上执行简化图工具。

"Run Graph Cleanup Tool after Import（导入后清理图）"：如果勾选，则在下一步向导页面上执行清理图工具。

"Create Street/Intersection Shapes from Graph（根据图创建街道及交叉点）"：如果勾选，则将创建街道及交叉点形状。

"Create Block/Lot Shapes from Graph（根据图创建街区及地块）"：如果勾选，则将创建街区及地块形状。

3. 导入 File GDB 文件

File GDB 文件为 ESRI 公司推出的文件地理数据库格式，用于基于文件的矢量和栅格数据的存储。打开导入 FileGeodatabase 对话框，如图 12-5 所示，设置相应参数后，单击"Finish（完成）"按钮。

导入 FileGeodatabase 对话框（图 12-5）中的参数说明。该对话框从上到下，依次包括：

"File（文件）"：单击"Browse（浏览）"按钮选择要导入的 File GDB 文件。

"Layer Listing（图层列表）"：如果导入的 FGDB 文件有效，则向导页面将显示可用于导入的图层。并按列显示图层信息，包括"Dataset Path（数据集路径）""Alais（别名）""Type（类型）""Count"（对象数）"Readable（可读）""CS Authority（坐标系统授权号）""CS Description（坐标系统描述信息）"等。

图层列表支持的数据类型包括："Point（点文件）""Polyline（线文件）""Polygon（面文件）""Multipatch（带纹理的多面体）""Table（表格）""Relationship Classes（关联类）"等。

1）当导入的图层为线文件（Polyline）时，将执行以下图形设置操作：

"Run Generate Bridges Tool after Import（导入后生成桥梁）"：如果勾选，则在下一步向导页面上执行生成桥梁工具。

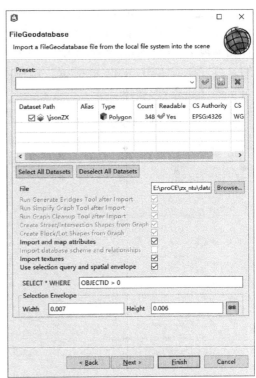

图 12-5　导入 FileGeodatabase 对话框

"Run Simplify Graph Tool after Import（导入后简化图）"：如果勾选，则在下一步向导页面上执行简化图工具。

"Run Graph Cleanup Tool after Import（导入后清理图）"：如果勾选，则在下一步向导页面上执行清理图工具。

"Create Street/Intersection Shapes from Graph（根据图创建街道及交叉点）"：如果勾选，则将创建街道及交叉点形状。

"Create Block/Lot Shapes from Graph（根据图创建街区及地块）"：如果勾选，则将创建街区及地块形状。

"Import and map attributes（导入并映射属性）"：如果勾选，则会导入要素的所有非几何属性。

"Import database scheme and relationships（导入数据库架构及关系）"：如果勾选，则将导入通过关联类连接到选定要素类的表中的属性，并将其分配为导入的形状作为对象属性。

"Import textures（导入纹理）"：如果导入数据为带有纹理的多面体（Multipatch），其纹理也将被导入。此时，纹理图片会被保存为 jpg 或 png 格式，并被存储在项目文件夹 data→［导入的 FileGDB 名称］-data 目录中。

"Use selection query and spatial envelope（使用选择查询和空间范围）"：如果勾选，则将使用属性选择查询器来减少从每个选定要素类中导入要素的数量。

2）如果导入的图层包含平面坐标系，则在导入中将打开坐标系选择对话框，如图 12-6 所示，选择对应的坐标系后，单击 OK 按钮。

4. 导入 KML/KMZ 文件

KML（Keyhole Markup Language）文件是 Google 公司开发的一种基于 XML 的标记语言，用于在二维互联网地图和三维地球浏览器中对地理信息（如点、线、面、多面体等）进行注释和可视化表达。KMZ 文件为 KML 的 ZIP 版本（ZIP-Version），即 KML 文件经过 ZIP 格式压缩。打开导入 KML/KMZ 对话框，如图 12-7 所示，选择相应的 KML/KMZ 文件后，单击"Finish（完成）"按钮。

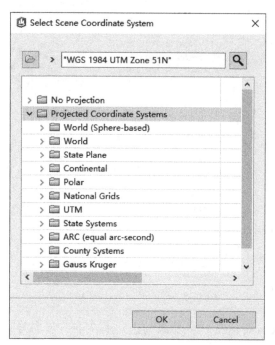

图 12-6　选择场景坐标系对话框

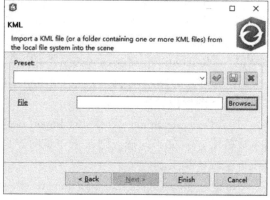

图 12-7　导入 KML/KMZ 对话框

5. 导入 OBJ 文件

Wavefront OBJ 是一种简单且常用的 3D 数据格式，主要用于描述 3D 几何形状。该格式允许使用最少的附加信息，如分组。打开导入 OBJ 对话框，如图 12-8 所示，设置相应的参数后，单击"Finish（完成）"按钮。

导入 OBJ 对话框（图 12-8）中的参数说明。该对话框从上到下，依次包括：

"File（文件）"：单击"Browse（浏览）"按钮，选择要导入的 OBJ 文件。

"Import as static model（导入为静态模型）"：如果勾选，表示该文件将"按原样"导入，并且不会被 CGA 规则修改。否则，将从导入的多面体中创建起始形状，并配合使用 CGA 规则。

"Align to terrain（与地形对齐）"：如果勾选，该模型将自动与地形对齐。

"Scale（缩放）"：设置缩放系数，对导入的模型进行适当缩放。

"Offset（偏移）"：居中设置偏移量，以使模型位于场景中世界坐标系原点的中心。

6. 导入 OSM 文件

OSM 文件是 OpenStreetMap 地图开源组织开发的一种基于 XML 的数据格式，用于描述地图制图中的矢量数据，它定义了三种基本类型：节点（Nodes）、边（Ways）和闭合边（Closed Ways）。其中，边用于描述道路，闭合边用于描述建筑物、公园、湖泊或岛屿等区域。

默认情况下，"边"和"闭合边"将转换为图形要素。但是，如果闭合边包含下述标签，如"amenity（舒适性）""area（区域）""boundary（边界）""building（建筑物）""geological（地质）""historic（历史）""landuse（土地利用）""leisure（休闲）""natural（自然）""place（地点）""shop（商店）""sport（运动）""tourism（旅游）"等，则将其转换为形状。

打开导入 OSM 对话框，如图 12-9 所示，设置相应的参数后，单击"Finish（完成）"按钮。

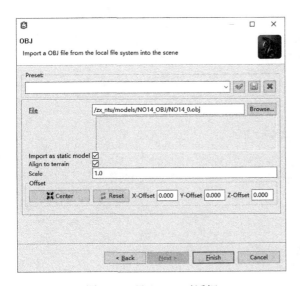

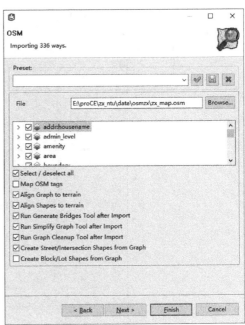

图 12-8　导入 OBJ 对话框　　　　　图 12-9　导入 OSM 对话框

导入 OSM 对话框（图 12-9）中的参数说明。该对话框从上到下，依次包括：

"File（文件）"：单击"Browse（浏览）"按钮，选择要导入的 OSM 文件。

"Select/deselect all（全选/全不选）"：全部选择/全部取消选择。

"Map OSM tags（映射 OSM 标签）"：如果勾选，则街道和人行道宽度将从 OSM 文件包含的标签中进行映射。

"Align Graph to terrain（对齐图形到地形）"：将图形与地形相对齐。

"Align Shapes to terrain（对齐形状到地形）"：将形状与地形相对齐。

"Run Generate Bridges Tool after Import（导入后生成桥梁）"：如果勾选，则在下一步向导页面上执行生成桥梁工具。

"Run Simplify Graph Tool after Import（导入后简化图）"：如果勾选，则在下一步向导页面上执行简化图工具。

"Run Graph Cleanup Tool after Import（导入后清理图）"：如果勾选，则在下一步向导页面上执行清理图工具。

"Create Street/Intersection Shapes from Graph（根据图创建街道及交叉点）"：如果勾选，则将创建街道及交叉点形状。

"Create Block/Lot Shapes from Graph（根据图创建街区及地块）"：如果勾选，则将创建街区及地块形状。

7. 导入 Shapefile 文件

Shapefile 文件是 ESRI 公司开发的用于存储矢量地理信息数据的文件格式，它通常指文件的集合，包括形状数据（.shp）、属性数据（.dbf）、投影数据（.prj）以及其他数据。打开导入 Shapefile 对话框，如图 12-10 所示，设置完相应的参数后，单击"Finish（完成）"按钮。

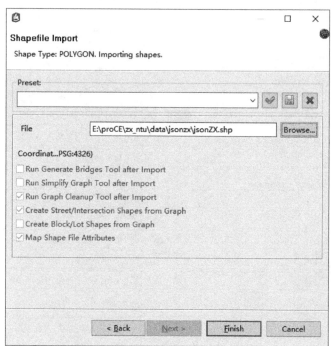

图 12-10　导入 Shapefile 对话框

导入 Shapefile 对话框（图 12-10）中的参数说明。该对话框从上到下，依次包括：

"File（文件）"：单击"Browse（浏览）"按钮，选择要导入的 shp 文件。

"Run Generate Bridges Tool after Import（导入后生成桥梁）"：如果勾选，则在下一步向导页面上执行生成桥梁工具。

"Run Simplify Graph Tool after Import（导入后简化图）"：如果勾选，则在下一步向导页面上执行简化图工具。

"Run Graph Cleanup Tool after Import（导入后清理图）"：如果勾选，则在下一步向导页面上执行清理图工具。

"Create Street/Intersection Shapes from Graph（根据图创建街道及交叉点）"：如果勾选，则将创建街道及交叉点形状。

"Create Block/Lot Shapes from Graph（根据图创建街区及地块）"：如果勾选，则将创建街区及地块形状。

"Map Shape File Attributes（映射 Shape File 属性）"：将 shp 文件的非几何属性映射为图层属性。

12.1.2　导入项目文件

CityEngine 除了支持导入图层文件之外，还提供了导入项目文件和导入示例文件，如图 12-11 所示。

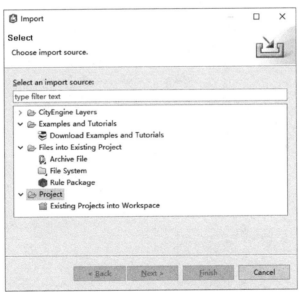

图 12-11　导入项目和示例文件对话框

1. 导入示例及向导

示例和向导为学习、使用 CityEngine 软件提供了重要资源。使用鼠标左键单击 Import（导入）对话框中的"Examples and Tutorials（示例及向导）"→"Download Examples and Tutorials（下载示例及向导）"选项，将打开下载对话框，如图 12-12 所示。

示例文件从最基础的软件操作开始，然后到复杂场景构建、规则编写与应用、数据导出等，其内容涵盖了 CityEngine 的所有功能。在 CityEngine 的工程应用中，学习示例文件是熟练应用 CityEngine 城市建模的重要途径。

2. 导入文件到项目

CityEninge 提供了三种文件导入类型，分别为：档案文件（Archive File），文件系统（File System）和规则包（Rule Package），如图 12-13 所示。将文件导入到项目中会在工作空间内创建文件的副本，以保护原始文件的安全性。通过档案文件和文件系统可导入所需要的文件和文件夹。其中，档案文件是交换 CityEngine 项目的首选方式，因为该档案文件会保留所有项目的特定属性。

3. 导入已有项目到工作空间

使用鼠标左键单击"Import（导入）"对话框中的"Project（项目）"→"Existing Projects into Workspace（已有项目到工作空间）"，打开导入项目对话框，如图 12-14 所示，选择要导入的项目文件夹或档案文件，单击"Finish（完成）"按钮。

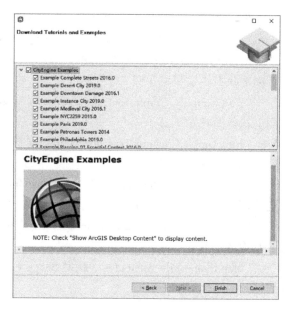

图 12-12　下载向导和示例对话框

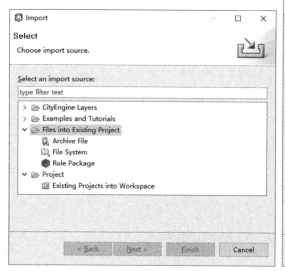

图 12-13　导入文件到已有项目对话框

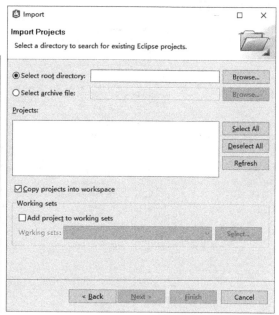

图 12-14　导入项目对话框

12.2　基于 GIS 数据进行三维建模

12.2.1　在 GIS 软件中准备 Shapefile 数据

利用地理信息系统软件处理和编辑地理信息数据，如图 12-15 所示。该数据的属性数据至少要包含地块类型和高度信息，以便在 CityEngine 中进行自动化三维建模。

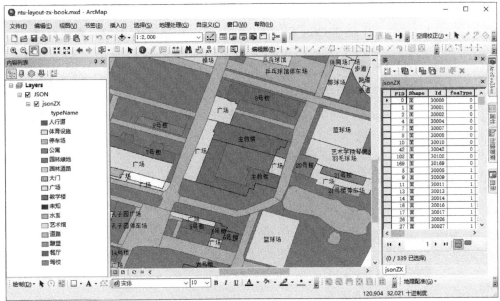

图 12-15　利用地理信息系统软件处理和编辑 GIS 数据

12.2.2　在场景中加载 Shapefile 数据

在 CityEngine 中，首先使用鼠标左键双击已创建的场景文件（＊.cej）打开场景器，然后用鼠标左键单击主菜单的"File（文件）"→"Import（导入）"按钮，打开导入对话框，选择"CityEngine Layers（CityEngine 图层）"→"Shapefile Import（导入 Shapefile）"选项，单击"Next（下一步）"按钮。在打开的导入 Shapefile 文件对话框中，选择要导入的 SHP 数据，单击"Finish（完成）"按钮。最终在场景中加载的 Shapefile 数据如图 12-16 所示。

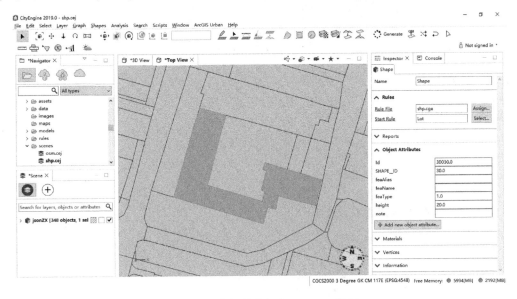

图 12-16　在场景中加载 Shapefile 数据

12.2.3 新建 CGA 规则文件

在项目的 rules 文件夹中新建 CGA 规则文件，并使用 CGA 编辑器编辑管理。

12.2.4 使用 Shapefile 属性

SHP 文件具有要素属性。在导入 SHP 文件后，这些要素属性将显示在"Inspector（检查器）"中的"Object Attributes（对象属性）"对话框中。在 3D 视图中选择地块形状，可对其属性进行查看，如图 12-17 所示。

若将这些属性与 CGA 语法一起使用，则需在规则文件中对他们进行显式声明，声明中要确保属性名称与之相匹配。在图 12-17 中，对象属性 feaType 和 height 将在 CGA 规则中被使用。

图 12-17　对象属性对话框

12.2.5 编写规则代码

在 CGA 编辑器中编写规则代码如下：

```
version "2019.0"
//使用对象属性
@Hidden          //在检查器中隐藏该属性
attr feaType =0    //地块类型
@Hidden          //在检查器中隐藏该属性
attr height =0     //地块高度
//定义常量
const baseh =0.5  //地块基高
const grassTex = "assets/grass.jpg"
const roadTex = "assets/road.jpg"
@StartRule
```

```
Lot -->
    case feaType = =1: A //教学楼
    case feaType = =2: B //宿舍
    case feaType = =3: C //操场
    case feaType = =4: D //草地
    case feaType > =5 && feaType < =6: E //门口广场
    case feaType = =7: F //食堂
    case feaType = =8: G //水域
    case feaType = =9: H //道路
    case feaType = =10: I //广场
    else: J              //其他
A --> //教学楼
    extrude(height + baseh)
    Frame("#DA857F")
B --> //宿舍
    extrude(height + baseh)
    Frame("#E2A35E")
C --> //操场
    extrude(height + baseh)
    Frame("#F2FFB0")
D --> //草地
    extrude(baseh)
    setupProjection(0, scope.xz,60,30)
    projectUV(0)
    texture(grassTex)
    X.
E --> //门口广场
    color("#DFFFB5")
    extrude(height + baseh)
    X.
F --> //食堂
    extrude(height + baseh)
    Frame("#FF7F27")
G --> //水域
    color("#27A6FF")
    X.
H --> //道路
    extrude(baseh-0.2)
    comp(f){top: Road |side:X. }
I --> //广场
    extrude(baseh-0.2)
    comp(f){top: Road |side:X. }
J --> //其他
    extrude(height + baseh)
    Frame("#FFF1A3")
```

```
Frame(c) --> //生成框架
    offset(-0.2) //内缩,拉伸出框架
    comp(f){//提取框架和玻璃
        border: color("#333333") X.
        |inside: color(c)
            set(material. opacity,0.6)
            X.
    }
Road --> //道路贴图
    setupProjection(0, scope. xy, 20, 20)
    projectUV(0)
    texture(roadTex)
    X.
```

在上述代码中,只是对地块依据类型进行了着色或贴图,依据高度进行了简单拉伸。如果想更真实地构建三维模型,则需要对单体建筑利用 CGA 规则进行精细建模,对地块纹理进行精细贴图。

编写完规则代码后,使用鼠标左键选择全部地块,单击工具条上的分配规则按钮 ![cga],为之分配起始规则。最后使用鼠标左键单击工具条上的生成模型按钮 ![Generate] Generate 生成三维模型。最终基于 GIS 数据构建的三维模型局部效果如图 12-18 所示。

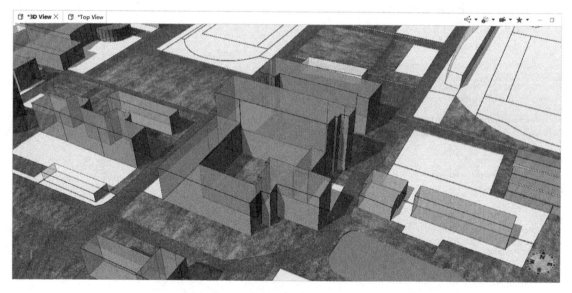

图 12-18　基于 GIS 数据构建的三维模型局部效果

12.3　数字模型导出

CityEngine 提供了多样化的数据导出方式。这些导出接口被集成在主菜单的"File（文件）"→"Export * （导出 * ）"选项中,如图 12-19 所示。

12.3.1　导出项目

使用鼠标左键单击主菜单的"File（文件）"→"Export（导出）"按钮，将打开导出项目对话框，如图 12-20 所示。在该对话框中，提供了两种导出模式，分别为 General 和 CityEngine。

General：该导出可将项目导出为档案文件（Archive File）或文件系统（File System）。

CityEngine：该导出提供了多种导出方式，包括"Export 360 VR Experience（导出为 VR 场景）""Export Models of Selected Shapes and Terrain Layers（导出模型中选中的形状和地形图层）""Export

图 12-19　文件菜单中的导出选项

Selected Graph Objects（导出选中的图形对象）""Export Selected Objects as . cje File（导出选中的对象）""Export Selected Shapes（导出选中的形状）"和"Export Selected Terrains as Image（导出选中的地形）"。

12.3.2　导出模型

使用鼠标左键单击主菜单的"File（文件）"→"Export Models（导出模型）"按钮，将打开导出模型对话框，如图 12-21 所示。

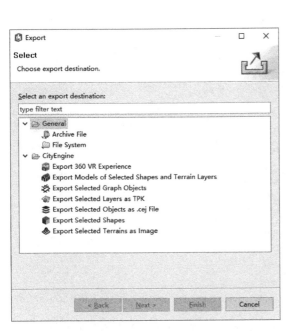

图 12-20　导出项目对话框

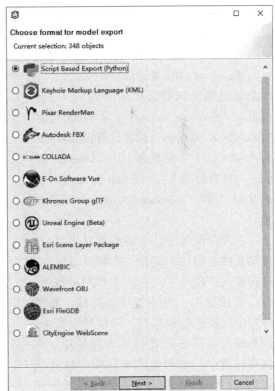

图 12-21　导出模型对话框

在该对话框中，CityEngine 可以将图形（如街道网络）、形状（如地块或街道形状）和模型（如三维建筑物）等通过多种方式进行导出。

通过模型导出可将 CityEngine 的静态或动态模型导出为 3D 模型、3D GIS 数据、ArcGIS Online 场景以及 Python 脚本等，每种类型包含的数据格式见表 12-1。

表 12-1　数字模型导出格式

3D 模型	3D GIS 数据	ArcGIS Online 场景	Python 脚本
Wavefront OBJ	Esri FileGDB	Esri Scene Layer Package SLPK	Python
e-on Vue VOB	Keyhole KMZ/KML	CityEngine Web Scene 3WS	
Collada DAE		360 VR Experience 3VR	
Autodesk FBX			
Alembic ABC			
Unreal UDATASMITH			
Renderman RIB			

1. 导出为 Wavefront OBJ 文件

在导出模型之前，应先使用鼠标左键在场景中选择要导出的模型对象，然后使用鼠标左键单击主菜单的"File（文件）"→"Export Models（导出模型）"按钮。在打开的模型导出对话框中选择 **Wavefront OBJ**，单击"Next（下一步）"按钮，打开导出 Wavefront OBJ 参数设置对话框，如图 12-22 所示。设置完相应参数后，单击"Finish（完成）"按钮。

Wavefront OBJ 对话框（图 12-22）中的参数说明。该对话框从上到下，主要包括："General Settings（常规设置）""Granularity Settings（粒度设置）""Geometry Settings（几何设置）""Material Settings（材质设置）""Texture Settings（纹理设置）"和"Advanced Settings（高级设置）"。

在常规设置中，主要设置导出路径，存储文件名和导出类型。在粒度设置中，可设置文件粒度、内存大小和网格粒度。在几何设置中，可设置顶点法线、模型地理坐标及坐标偏移等。在材质设置中，如果模型有贴图可选择包含材质项。在纹理设置中，如果模型有贴图可选择收集纹理项。在高级设置中，可设置创建日志、命名分隔符、覆盖文件等。

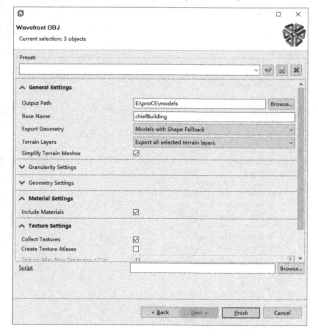

图 12-22　导出 Wavefront OBJ 参数设置对话框

2. 导出为 Collada DAE 文件

在导出模型之前，应先使用鼠标左键在场景中选择要导出的模型对象，然后使用鼠标左键单击主菜单的"File（文件）"→"Export Models（导出模型）"按钮。在打开的模型导出对话框中选择 COLLADA，单击"Next（下一步）"按钮，打开导出 COLLADA 模型参数设置对话框，如图 12-23 所示。设置完相应参数后，单击"Finish（完成）"按钮。

COLLADA 对话框（图 12-23）中的参数说明。该对话框从上到下，主要包括："General Settings（常规设置）""Granularity Settings（粒度设置）""Geometry Settings（几何设置）""Material Settings（材质设置）""Texture Settings（纹理设置）"和"Advanced Settings（高级设置）"。这些参数的设置与 Wavefront OBJ 对话框中的参数一致。

🔊 注意　将模型导出为 Wavefront OBJ 文件，一般不包含贴图，而导出为 Collada DAE 文件，则包含纹理图片，如图 12-24 所示。

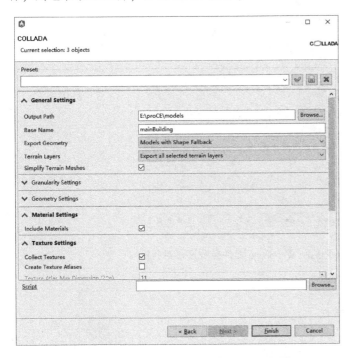

图 12-23　导出 COLLADA 模型参数设置对话框

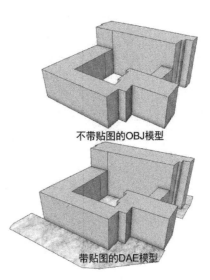

图 12-24　OBJ 模型与 DAE 模型对比

3. 导出为 Web Scene（3WS）文件

CityEngine Web Scene（3WS）是一种由 ESRI 公司定义的、经过网络优化的数据格式。该数据可在 ArcGIS Online 上共享并使用 CityEngine Web Viewer 进行查看。

首先在 3D View 中使用鼠标左键选择要导出的模型对象，然后使用鼠标左键单击主菜单的"File（文件）"→"Export Models（导出模型）"按钮。在打开的模型导出对话框中选择 CityEngine WebScene，单击"Next（下一步）"按钮，打开 CityEngine WebScene 对话框，如图 12-25 所示。

在该对话框中，参数设置主要包括："General Settings（常规设置）""Geometry Settings

（几何设置）""Material Settings（材质设置）""Texture Settings（纹理设置）"和"Advanced Settings（高级设置）"。这些参数的设置与前面的类似。然后单击"Next（下一步）"按钮，打开图层选项对话框，如图 12-26 所示。在该对话框中，选择要导出的图层文件，单击"Finish（完成）"按钮。

图 12-25　导出 CityEngine WebScene 文件参数设置对话框

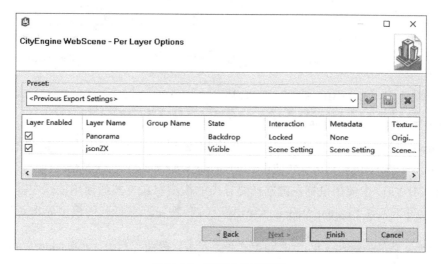

图 12-26　图层选项对话框

使用 Web Scene 工具导出的 3WS 场景文件在正式发布到 ArcGIS Online 或其他门户网站之

前，一般先进行数据预览，以确保场景数据齐全。

首先在项目文件夹 models 中使用鼠标左键选择已导出的 3WS 文件，然后在该文件上单击鼠标右键，在快捷菜单中选择"Open With（打开）"→"3D Web Scene Viewer＊（3D Web 场景浏览＊）"，如图 12-27 所示。在打开的网页中预览 3WS 场景文件效果如图 12-28 所示。

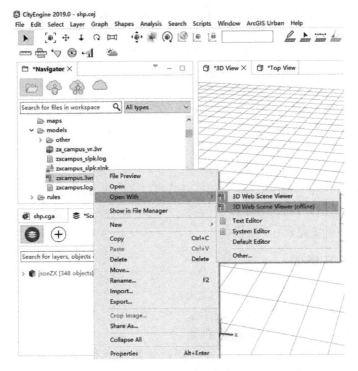

图 12-27　使用 3D Web 场景浏览器打开 3WS 文件

图 12-28　在网页中浏览 3WS 文件效果

4. 导出为 Scene Layer Package（SLPK）文件

场景图层包（Scene Layer Package，SLPK）文件是由 ESRI 公司定义的，经过 Web 优化的数据格式。类似于 Web 场景 3WS 文件，该数据也可以在 ArcGIS Online 上共享并使用 WebScene Viewer 进行查看。

首先在 3D View 中使用鼠标左键选择要导出的模型对象，然后使用鼠标左键单击主菜单的"File（文件）"→"Export Models（导出模型）"按钮。在打开的模型导出对话框中选择  Esri Scene Layer Package，单击 "Next（下一步）"按钮，打开 Esri Scene Layer Package 对话框，如图 12-29 所示。

在该对话框中，参数设置主要包括："General Settings（常规设置）""纹理设置（Texture Settings）"和"Advanced Settings（高级设置）"。这些参数的设置与前面的类似。然后单击"Finish（完成）"按钮。

12.3.3 导出为 VR 场景

360 VR Experience（3VR）是 ESRI 公司开发的一种虚拟现实文件存储格式，用于发布和使用全景照片。这些全景照片可在浏览器（用户使用鼠标环顾四周）、移动设备（用户使用陀螺仪/触摸环顾四周）和虚拟现实（VR）耳机（用户转动头环顾四周）中使用。

使用 CityEngine 3VR 导出工具，它会基于摄像机书签来拍摄一系列视窗截图。这些截图将组合成全景照片（每个书签一张）。最后，生成的 3VR 文件可用于虚拟现实使用。

图 12-29　导出 SLPK 文件参数设置对话框

第13章　使用 Python 脚本语言

内容导读

　　本章首先介绍了 Python 语言的特点，然后介绍了 Python 语言在 CityEngine 中的使用方法，最后通过大量示例讲解了 CityEngine 库中常用函数的调用方法，主要涉及获取场景对象及属性，根据对象属性创建选择集，使用 CGA 规则、编辑形状、填充纹理和导出模型等内容。熟练掌握这些函数对于快速、批量化、自动化构建城市三维模型非常重要。

13.1　Python 简介

　　Python 是一种解释型、面向对象、可交互的高级程序设计语言，它具有以下显著特点：

　　1）功能强大：Python 具有丰富的标准库和扩展库，能用较少的代码解决较复杂的问题。

　　2）易学习：Python 的关键字相对较少，语法简单，学习门槛低。

　　3）易阅读：Python 采用严格的代码缩进（比如采用空格或 Tab 键）作为层次关系，结构清晰。

　　4）代码开源：Python 开放源代码，允许使用者对源代码进行改动以实现特定功能。

　　5）跨平台：Python 跨平台性强，能在多种平台上运行，比如 Unix、Linux、Windows 和 Mac OS 系统等。因此，基于 Python 编写的代码易于在不同平台上移植使用。

　　6）可交互：Python 编程支持终端交互，也支持网络 Notebook 交互。由于 Python 为解释性语言，因此基于 Python 编写的代码不需要专门编译，在调用时边编译边执行即可。

　　7）可嵌入：Python 代码允许嵌入非 Python 程序，比如一段高效率的 C 程序或具有保密性质的 Java 程序等。

　　8）支持数据库：Python 提供所有主要的商业数据库的接口。

　　9）并行计算：Python 提供进程和线程接口，支持并行计算。

　　10）GUI 编程：Python 支持图形界面编程。

　　到目前为止，Python 最为常用的版本主要包括 2. x 版本（即 Python 或 Python 2）和 3. x 版本（即 Python 3）。这两个版本并不相互兼容。由于 3. x 版本是未来的发展方向，因此本章的所有脚本程序均采用 Python 3 语法。为此，读者在移植本章示例代码时要注意 Python 解释器的版本号，以防止出现代码不兼容的问题。

　　关于 Python 语言的基础语法内容，由于本书篇幅限制，本章不予介绍，读者可自行查阅有关 Python 编程的资料和书籍。

13.2 打印 "Hello CityEngine"

本节通过一个实例，即在控制台上打印 "Hello CityEngine" 来讲解 Python 脚本在 City-Engine 中的具体使用方法，具体操作如下。

首先在 CityEngine 项目的 scripts 文件夹上单击鼠标右键，在弹出的快捷菜单中选择 "New（新建）" → "Python Module（Python 模块）"，打开新建脚本对话框。在对话框的 "Name（名称）" 中，输入脚本文件名，在 "Template（模板）" 中选择 "Module：Main" 模板，然后单击 "Finish（完成）" 按钮。

新建完脚本文件之后，使用编辑器打开脚本文件，输入以下代码。

```
from scripting import *   #导入 CE 模块
ce = CE()#新建 CityEngine 对象
def printf():   #自定义函数
    print("Hello,CityEngine !") #打印字符串
    ver = ce.getVersion()      #获取版本号
    print("Version：" + ver)     #打印版本号
####
if __name__ == '__main__':
    printf()#调用 printf()函数
    pass   #占位符
####
```

编写完上述脚本文件后，使用鼠标左键单击主菜单的 "Scripts（脚本）" → "Add Script（添加脚本）" 按钮，如图 13-1 所示。在打开的 "Select Script（选择脚本）" 对话框中选择前面创建的脚本，如图 13-1 所示，然后单击 "Open（打开）" 按钮。

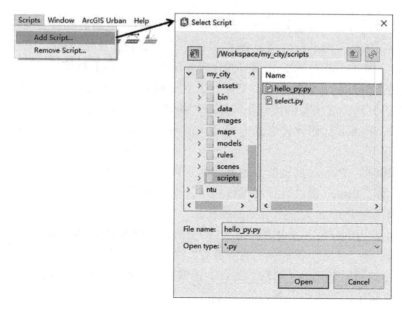

图 13-1　添加脚本对话框

使用鼠标左键再次单击主菜单的"Scripts（脚本）"菜单，在下拉选项中单击前面添加的 hello_py 文件，如图 13-2a 所示，在"Console（控制台）"中查看输出信息，如图 13-2b 所示。

图 13-2　脚本菜单和控制台

a）单击脚本文件　b）在控制台中查看输出结果

13.3　获取对象及其属性

利用 Python 脚本可以快速、批量化地获取所选场景对象的属性信息。基本思路是首先要实例化 CityEngine 对象，即根据类 CE()新建 ce 对象，然后使用 ce 对象的 selection()函数返回当前视图中的选择集，再根据 ce 对象的 getObjectsFrom()函数获取选择集中的对象集合。最后使用 for 循环结合 ce 对象的 getAttributeList()函数和 getAttribute()函数逐个输出所选对象的全部属性和指定属性。由此，编写完整的代码如下：

```python
from scripting import *        #导入 CE 模块
ce = CE()                      #新建 CityEngine 对象
def get_attrs():               #定义函数
    slt = ce.selection()       #获取当前视图中的选择集
    objs = ce.getObjectsFrom(slt)  #由选择集获取对象
    size = len(objs)           #计算对象个数
    print("Total objects:" + str(size))
    for i in range(size):          #通过循环获取每个对象
        #获取当前对象所有属性名称,并打印
        attr_list = ce.getAttributeList(objs[i])
        print('All attrs:' + str(attr_list))
        attr_h = ce.getAttribute(objs[i], "height")  #获取'height'属性,并打印
        print("Obj Height:" + str(attr_h))
        print('----------------------')
    ####
####
if __name__ == '__main__':
    get_attrs()
####
```

编写完上述脚本文件后，应先将该脚本文件添加到主菜单的"Scripts（脚本）"列表中，然后在顶面视图或 3D 视图中选择形状对象，最后在主菜单的"Scripts（脚本）"列表中执行该程序，并在视图及控制台中查看运行结果，如图 13-3 所示。

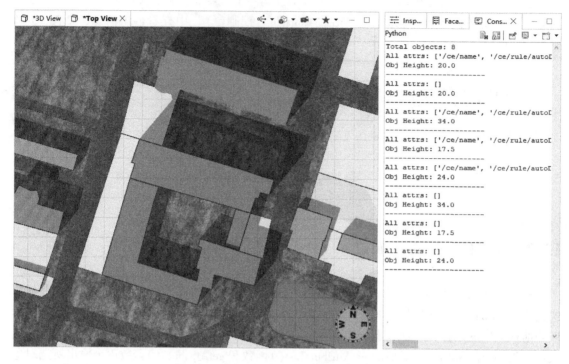

图 13-3　在视图及控制台中查看运行结果 1

13.4　根据对象属性新建选择集

利用 Python 脚本可以快速、批量化地获取指定属性内容的对象，并生成新的选择集。基本思路是首先要实例化 CityEngine 对象，即根据类 CE( ) 新建 ce 对象，然后使用 ce 对象的 se-lection( ) 函数返回当前视图中的选择集，再根据 ce 对象的 getObjectsFrom( ) 函数获取选择集中的对象集合。随后使用 for 循环结合 ce 对象的 getAttribute( ) 函数和 if-else 条件逐个判断筛选符合条件的对象。最后使用 ce 对象的 setSelection( ) 函数创建新的选择集。由此，编写完整的代码如下：

```
from scripting import *              #导入 CE 模块
ce = CE()                            #新建 CityEngine 对象
def new_selection():
    slt = ce.selection()             #获取当前视图中的选择集
    objs = ce.getObjectsFrom(slt)    #由选择集获取对象
    size = len(objs)                 #计算对象个数
    res = []                         #符合条件的对象集合
    for i in range(size):            #通过循环获取每个对象属性
        attr_t = ce.getAttribute(objs[i], "feaType")   #获取'feaType'属性
        if attr_t == 1:              #根据对象属性进行条件判断,筛选出所有的教学楼
            res.append(objs[i])      #添加到结果集合中
```

```
    ####
    print(" Total objects that meet the conditions : " + str(len(res)))
    ce. setSelection(res)          #创建选择集
####
if __name__ == '__main__':
    new_selection()
####
```

编写完上述脚本文件后，应先将该脚本文件添加到主菜单的"Scripts（脚本）"列表中，然后在顶面视图或 3D 视图中选择形状对象，最后在主菜单的"Scripts（脚本）"列表中执行该程序，并在视图及控制台中查看运行结果，如图 13-4 所示。

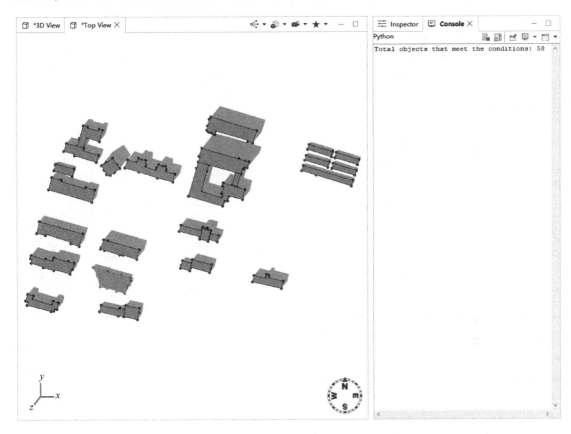

图 13-4　在视图及控制台中查看运行结果 2

13.5　使用 CGA 规则

使用 Python 脚本，允许为新建选择集分配 CGA 规则。基本思路是先创建选择集，该过程和前面的内容类似，然后遍历选择集中的每个对象，并为每个对象分配规则文件和指定起始规则。其中，分配规则文件使用 ce 对象的 setRuleFile( ) 函数，指定起始规则使用 ce 对象的 setStartRule( ) 函数。编写完整的代码如下：

```
from scripting import *                    #导入 CE 模块
ce = CE()                                  #新建 CityEngine 对象
def new_selection():
    slt = ce.selection()                   #获取当前视图中的选择集
    objs = ce.getObjectsFrom(slt)          #由选择集获取对象
    size = len(objs)                       #计算对象个数
    res = []                               #筛选符合条件的对象集合
    for i in range(size):
        attr_t = ce.getAttribute(objs[i],"feaType")   #获取'feaType'属性
        if attr_t == 1:                    #根据对象属性进行条件判断,筛选出所有的教学楼
            res.append(objs[i])            #添加到结果集合中
    ####
    print("Total objects:" + str(len(res)))
    ce.setSelection(res) #创建选择集
    return ce.selection()    #返回新选择集
####
def set_rule(selection):
    objs = ce.getObjectsFrom(selection)#由选择集获取对象
    for s in objs: #遍历每个对象
        ce.setRuleFile(s,'rules/rule.cga')    #1) 分配规则文件
        ce.setStartRule(s,'Lot')              #2) 配置起始规则
                                              #3) 在工具条中单击 Generate 按钮生成模型
####
if __name__ == '__main__':
    slt = new_selection() #获取选择集
    set_rule(slt)            #设置 CGA 规则
####
```

与之对应的 CGA 规则文件代码如下：

```
/* File name: rule.cga */
version "2019.0"
attr height = 0                            //使用属性对象 height
@StartRule
Lot -->
    extrude(height)                        //拉伸 height
    comp(f){ top: R  |side: X.}            //提取各面
R --> roofGable(20,0.5) color("#B22222") X.    //生成双坡屋顶
```

编写完上述代码后，应先将脚本文件添加到主菜单的"Scripts（脚本）"列表中，然后在顶面视图或 3D 视图中选择形状对象，最后在主菜单的"Scripts（脚本）"列表中执行该程序，并在视图及控制台中查看运行结果，如图 13-5 所示。在该例中可以看出通过使用 CGA 规则为所有教学楼生成了双坡屋顶。

提示 如果程序没有自动生成模型，应使用鼠标左键单击工具条上的 Generate 按钮，生成三维模型。

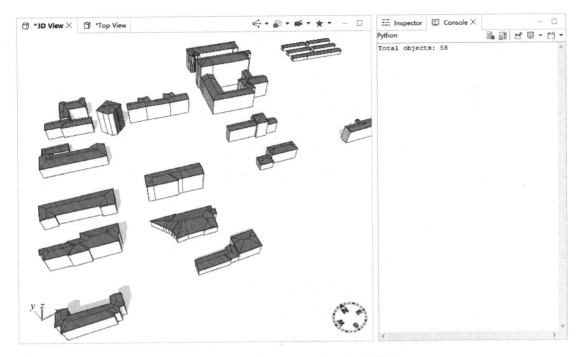

图 13-5　在视图及控制台中查看运行结果 3

13.6　创建形状

使用 Python 脚本，允许创建新的形状。基本思路是先定义一组坐标点集合，然后根据类 CE( )新建 ce 对象，利用 ce 对象的 createShape( )函数将坐标点集合生成为形状。随后为新创建的形状分配 CGA 规则，可以手动分配也可以采用脚本程序进行分配。编写完整的代码如下：

```
from scripting import *      #导入 CE 模块
ce = CE()                    #新建 CityEngine 对象
def create_shp():
    print("Creating an shape by specifying a vertex list. ")
    vertices = [0,300,0,0,300,200,300,300,200,300,300,0]    #数组列表[x,y,z,x,y,z,...]
    shape = ce.createShape(None,vertices) #创建形状,参数 None 表示无图层
    ce.setName(shape,"my Shape")          #为形状赋名称
    pos = ce.getPosition(shape)           #获取当前形状的世界坐标系坐标
    print("Position of the created shape:" + str(pos))
    ce.setRuleFile(shape,'rules/rule. cga')    #分配规则文件
    ce.setStartRule(shape,'Lot')               #配置起始规则
####
if __name__ == '__main__':
    create_shp()
####
```

与之对应的 CGA 规则文件代码如下：

```
/*  File name: rule.cga */
version "2019.0"
@StartRule
Lot --> split(z) { 100: X |100: Y | ~100: Z }  //按 z 轴切割
X --> extrude(-30) color("#FF0000")        //拉伸-30 米，填充红色
Y --> extrude(30) color("#00FF00")         //拉伸 30 米，填充绿色
Z --> extrude(-300) color("#FFFFFF")       //拉伸-300 米，填充白色
```

编写完上述代码后，应先将脚本文件添加到主菜单的"Scripts（脚本）"列表中，然后再执行该程序，最后在视图及控制台中查看运行结果，如图 13-6 所示。

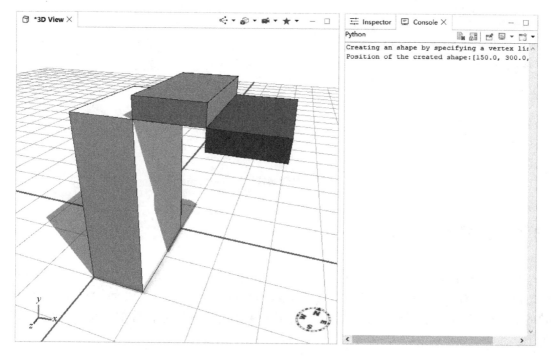

图 13-6　在视图及控制台中查看运行结果 4

13.7　复制和删除形状

使用 Python 脚本，允许对选择集或新建的形状执行复制或删除操作。基本思路是先新建选择集或新建形状，该过程和前面的内容类似。然后利用 ce 对象的 copy()函数复制对象，使用 delete()函数删除对象。编写完整的代码如下：

```
from scripting import *       #导入 CE 模块
ce = CE()                     #新建 CityEngine 对象
def edit_shp():
    print("Creating a new shape")
    vertices = [0,300,0,0,300,200,300,300,200,300,300,0]   #数组列表[x,y,z,x,y,z,...]
    shape0 = ce.createShape(None,vertices)     #创建形状，参数 None 表示无图层
    print("Copying shapes")
```

```
        shape1 = ce. copy(shape0)#复制形状
        shape2 = ce. copy(shape0)#复制形状
        t1 = [0,-100,0]          #平移矢量
        t2 = [0,-200,0]          #平移矢量
        print("Moving shapes")
        ce. move(shape1,t1)      #向下平移形状
        ce. move(shape2,t2)      #向下平移形状
        print("Deleting a shape")
        ce. delete(shape2)       #删除形状
####
if __name__ == '__main__':
    edit_shp()
####
```

编写完上述代码后，应先将脚本文件添加到主菜单的"Scripts（脚本）"列表中，然后再执行该程序，最后在视图及控制台中查看运行结果，如图 13-7 所示。

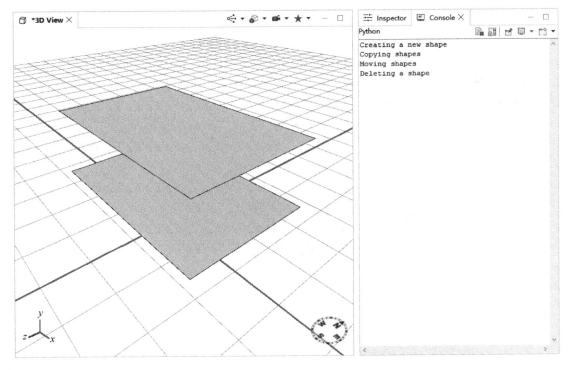

图 13-7　在视图及控制台中查看运行结果 5

13.8　变换形状

使用 Python 脚本，允许为选择集或新建的形状进行变换处理，包括平移、缩放和旋转。基本思路是先新建选择集或新建形状，该过程和前面的内容类似。然后定义一个变换矢量，利用 ce 对象的 move( ) 函数对选择集或形状进行平移，利用 scale( ) 函数进行缩放，利用 rotate( ) 函数进行旋转。编写完整的代码如下：

```
from scripting import *       #导入 CE 模块
ce = CE()                     #新建 CityEngine 对象
def trans_shp():
    slt = ce.selection()      #获取当前视图中的选择集
    objs = ce.getObjectsFrom(slt)#由选择集获取对象
    t = [0,0,200]             #平移矢量
    s = [1.5,1,1.5]           #缩放矢量
    r = [30,0,0]              #旋转矢量
    for obj in objs:          #通过循环遍历每个对象
        o = ce.copy(obj)      #复制对象
        ce.move(o,t)          #移动复制对象
        ce.scale(o,s)         #缩放复制对象
        ce.rotate(o,r)        #旋转复制对象
    ####
####
if __name__ == '__main__':
    trans_shp()
####
```

编写完上述代码后，应先将脚本文件添加到主菜单的"Scripts（脚本）"列表中，然后在顶面视图或 3D 视图中选择形状对象，最后在主菜单的"Scripts（脚本）"列表中执行该程序，并在视图及控制台中查看运行结果，如图 13-8 所示。

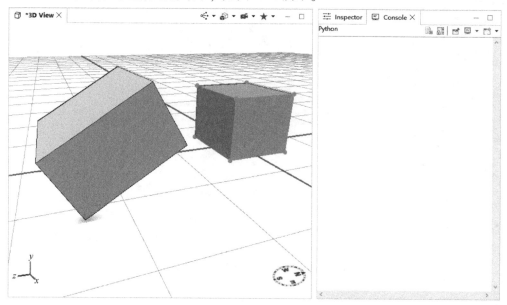

图 13-8　在视图及控制台中查看运行结果 6

13.9　填充纹理

使用 Python 脚本，允许为选择集或新建的形状填充纹理。基本思路是先新建选择集或新建形状，该过程和前面的内容类似。然后实例化 TexturingSettings（）类，设置其 setTextureFile（）函

数、setAbsoluteTextureHeight/Width( )函数和 setMode( )函数。最后使用 ce 对象的 textureSha-peTool( )函数进行纹理填充。编写完整的代码如下：

```
from scripting import *        #导入 CE 模块
ce = CE()                      #新建 CityEngine 对象
def texture_shp():
    print("Adding a new shape layer")
    lyr = ce.addShapeLayer("pyLayer")
    print("Creating a new shape")
    vertices = [0,300,0,0,300,200,300,300,200,300,300,0]    #数组列表[x,y,z,x,y,z,...]
    shape = ce.createShape(lyr,vertices)        #在 lyr 图层上创建形状
    print("Setting texture")
    #设置纹理参数
    settings = TexturingSettings()              #实例化 TexturingSettings()类
    settings.setTextureFile("assets/grass.jpg") #设置纹理图片
    settings.setAbsoluteTextureHeight(100)      #设置纹理尺寸
    settings.setAbsoluteTextureWidth(100)       #设置纹理尺寸
    settings.setMode("Dimension")               #设置填充模式
    print("Filling texture")
    ce.textureShapeTool(shape,settings)         #填充纹理
####
if __name__ == '__main__':
    texture_shp()
####
```

编写完上述代码后，应先将脚本文件添加到主菜单的"Scripts（脚本）"列表中，然后执行该程序，最后在视图及控制台中查看运行结果，如图 13-9 所示。

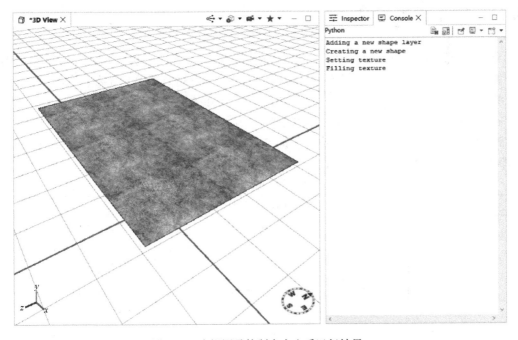

图 13-9　在视图及控制台中查看运行结果 7

13.10　导出模型

使用 Python 脚本，允许将模型导出为指定格式，比如 OBJ 文件。基本思路是先新建选择集或新建形状，该过程和前面的内容类似。然后使用 ce 对象的 toFSPath（）函数设置导出位置，随后实例化 OBJExportModelSettings（）类并设置对象函数 setBaseName（）和 setOutputPath（），最后使用 ce 对象的 export（）函数导出。编写完整的代码如下：

```
from scripting import *        #导入 CE 模块
ce = CE()                      #新建 CityEngine 对象
def export_obj(obj_name):
    objs = ce.selection()            #获取选择集
    dir = ce.toFSPath("models/")    #设置导出位置
    settings = OBJExportModelSettings()#导出为 OBJ 格式
    settings.setBaseName(obj_name)     #设置导出名称
    settings.setOutputPath(dir)        #设置导出路径
    ce.export(objs, settings)          #导出模型
####
if __name__ == '__main__':
    export_obj("export_obj")
####
```

编写完上述代码后，应先将脚本文件添加到主菜单的"Scripts（脚本）"列表中，然后在顶面视图或 3D 视图中选择形状对象，最后在主菜单的"Scripts（脚本）"列表中执行该程序，并在视图及控制台中查看运行结果。

13.11　脚本函数汇总

CityEngine 中的 Python 脚本包括：软件中的场景对象、属性、映射/地形图层操作、静态模型操作、形状操作、图形/街道操作、可视性工具、图形用户界面、导入、导出、方案、文件、系统等内容。从另一角度来看，除了 CGA 规则之外的所有建模操作在 Python 脚本中几乎都有对应函数或接口。因此，熟练应用这些脚本函数对于快速、批量化、自动化城市三维建模非常重要。表 13-1 汇总了 CityEngine 中的 Python 脚本函数。关于这些函数的详细用法，由于篇幅限制本章不予一一介绍，读者可自行查阅软件自带的帮助文档。

表 13-1　Python 脚本函数汇总

Scene Objects （场景对象）		
CE.getObjectsFrom	CE.getVertices	CE.scene
CE.copy	CE.isEnvironmentLayer	CE.selection
CE.delete	CE.isLayer	CE.setPanorama
CE.getLayer	CE.isLayerGroup	CE.setPosition
CE.getPanorama	CE.isVisible	CE.setSceneCoordSystem
CE.getParentGroup	CE.mergeLayers	CE.setSelection

（续）

Scene Objects （场景对象）		
CE. getPosition	CE. move	CE. setVertices
CE. getSceneCoordSystem	CE. rotate	PanoramaSettings
CE. getSceneHierarchy	CE. scale	
Attributes （属性）		
CE. addAttributeLayer	CE. getName	CE. setAttributeSource
CE. deleteAttribute	CE. getOID	CE. setLayerAttributes
CE. findByOID	CE. getRuleFile	CE. setLayerPreferences
CE. getAttribute	CE. getStartRule	CE. setName
CE. getAttributeLayerExtents	CE. sampleBooleanLayerAttribute	CE. setRuleFile
CE. getAttributeList	CE. sampleFloatLayerAttribute	CE. setStartRule
CE. getAttributeSource	CE. sampleStringLayerAttribute	CE. withName
CE. getLayerAttributes	CE. setAttribute	
CE. getLayerPreferences	CE. setAttributeLayerExtents	
Map/Terrain Layer Operations （映射/地形图层操作）		
CE. alignTerrain	CE. getTerrainMinHeight	CE. setElevationOffset
AlignTerrainSettings	CE. isMapLayer	CE. setTerrainMaxHeight
CE. getElevationOffset	CE. resetTerrain	CE. setTerrainMinHeight
CE. getTerrainMaxHeight	ResetTerrainSettings	
Static Model Operations （静态模型操作）		
CE. alignStaticModels	CE. addStaticModelLayer	CE. isStaticModel
AlignStaticModelsSettings	CE. createStaticModel	CE. isStaticModelLayer
Shape Operations （形状操作）		
CE. addShapeLayer	CE. getSeed	CE. setSeed
CE. alignShapes	CE. isAutoDerive	CE. subdivideShapes
AlignShapesSettings	CE. isModel	CE. subtractShapes
CE. cleanupShapes	CE. isShape	SubdivideShapesSettings
CleanupShapesSettings	CE. isShapeLayer	CE. textureShapeTool
CE. createShape	CE. removeHoles	TexturingSettings
CE. combineShapes	CE. resetShapeAttributes	CE. unionShapes
CE. convertModelsToShapes	CE. reverseNormals	Model. getOffsets
CE. convertToStaticShapes	CE. separateFaces	Model. getReports
CE. generateModels	CE. setFirstEdge	
Graph/Street Operations （图形/街道操作）		
CE. addGraphLayer	CurveAutoSmoothSettings	CE. isGraphSegment
CE. alignGraph	CE. fitStreetWidths	CE. mergeGraphNodes
AlignGraphSettings	FitStreetWidthSettings	CE. selectContinuousGraphObjects
CE. analyzeGraph	CE. generateBridges	CE. setCurveHandle

(续)

Graph/Street Operations（图形/街道操作）		
AnalyzeGraphSettings	GenerateBridgeSettings	CE. setCurveSmooth
CE. cleanupGraph	CE. getCurveHandle	CE. setCurveStraight
CleanupGraphSettings	CE. growStreets	CE. setStreetEdges
CE. computeEdgeAttributes	GrowStreetsSettings	CE. splitGraphNodes
ComputeEdgeAttributesSettings	CE. insertGraphNodes	CE. simplifyGraph
CE. computeFirstStreetEdges	CE. isBlock	SimplifyGraphSettings
CE. createGraphSegments	CE. isGraphLayer	
CE. curveAutoSmooth	CE. isGraphNode	
Visibility Tools（可视性工具）		
CE. addAnalysisLayer	CE. getTiltAndHeadingAngles	CE. setAnglesOfView
CE. createViewCorridor	CE. getViewDistance	CE. setColorGeometry
CE. createViewDome	CE. getTotalSolidAngle	CE. setObserverPoint
CE. createViewshed	CE. getVisibleSolidAngle	CE. setPOI
CE. getAnglesOfView	CE. isAnalysisLayer	CE. setTiltAndHeadingAngles
CE. getColorGeometry	CE. isViewCorridor	CE. setViewDistance
CE. getObserverPoint	CE. isViewDome	
CE. getPOI	CE. isViewshed	
GUI（图形用户界面）		
CE. addScriptMenuItems	CE. waitForUIIdle	View3D. setCameraAngleOfView
CE. get3DViews	noUIupdate	View3D. setCameraPerspective
CE. getLighting	View3D. addBookmark	View3D. setCameraPoI
CE. inspect	View3D. frame	View3D. setCameraPosition
CE. isInspector	View3D. getBookmarks	View3D. setCameraRotation
CE. isViewport	View3D. getCameraAngleOfView	View3D. setPoIDistance
CE. listScriptMenuItems	View3D. getCameraPerspective	View3D. setRenderSettings
CE. openView	View3D. getCameraPoI	View3D. snapshot
CE. refreshWorkspace	View3D. getCameraPosition	LightSettings
CE. removeScriptMenuItems	View3D. getCameraRotation	RenderSettings
CE. setLighting	View3D. getRenderSettings	
CE. showDashboard	View3D. restoreBookmark	
Import（导入）		
CE. importFile	FBXImportSettings	KMZImportSettings
CEJImportSettings	FGDBImportSettings	OBJImportSettings
DAEImportSettings	GLTFImportSettings	OSMImportSettings
DXFImportSettings	KMLImportSettings	SHPImportSettings
Export（导出）		
CE. export	FGDBExportGraphSettings	ScriptExportModelSettings

（续）

Export（导出）		
CE. exportRPK	FGDBExportModelSettings	SHPExportGraphSettings
ABCExportModelSettings	GLTFExportModelSettings	SHPExportShapeSettings
CEWebSceneExportModelSettings	ImageExportTerrainSettings	SPKMeshExportModelSettings
DAEExportModelSettings	KMLExportModelSettings	TPKExportSettings
DXFExportGraphSettings	OBJExportModelSettings	UnrealExportModelSettings
DXFExportShapeSettings	RIBExportModelSettings	VOBExportModelSettings
FBXExportModelSettings	RPKExportSettings	
Scenarios（方案）		
CE. addScenario	CE. isDefaultObject	CE. setScenarioId
CE. getScenarioColor	CE. isDefaultObjectsVisible	CE. setScenarioName
CE. getScenarioIds	CE. makeDefaultObject	CE. setScenarioOrder
CE. getScenarioName	CE. makeScenarioObject	CE. setSceneScenario
CE. getScenarios	CE. removeFromScenario	CE. setViewportScenario
CE. getSceneScenario	CE. removeScenario	CE. withScenario
CE. getViewportScenario	CE. setScenarioColor	
File（文件）		
CE. closeFile	CE. listProjects	CE. renameProject
CE. importProject	CE. newFile	CE. saveFile
CE. getRuleFileInfo	CE. openFile	CE. toFSPath
CE. getWorkspaceRoot	CE. project	CE. upload
CE. isFile	CE. refreshFolder	PortalUploadSettings
CE. isFolder	CE. removeProject	
System（系统）		
CE. exit	CE. getVersionBuild	CE. getVersionMinor
CE. getVersion	CE. getVersionMajor	CE. getVersionString

参 考 文 献

［1］ PARISH Y I H，MÜLLER P. Proceedings of the 28th annual conference on Computer graphics and interactive techniques［C］. LOS Angeles，CA，USA：Association for Computing Machinery（ACM），2001.

［2］ 牟乃夏，赵雨琪，孙久虎，等. CityEngine 城市三维建模［M］. 北京：测绘出版社，2016.

［3］ 黄杏元，马劲松. 地理信息系统概论［M］. 北京：高等教育出版社，2008.

［4］ 叶维忠. Python 编程从入门到精通［M］. 北京：人民邮电出版社，2018.

［5］ ESRI. CityEngine help［R/OL］. https：//doc. arcgis. com/en/cityengine/latest/help/cityengine-help-intro. htm. 2021.